世界の
飼い猫と
野生猫

著　ジュリアナ・フォトプロス

訳　　沢田陽子

監修　今泉忠明

X-Knowledge

アートディレクション
中村圭介(ナカムラグラフ)
デザイン
平田 賞／野澤香枝／樋口万里（ナカムラグラフ）
翻訳協力
株式会社トランネット

Contents

はじめに　　　　　　　　　　　　　　　　　　　　4

野生のネコ
独自の生存戦略で自然の中を生きる　　　　　6

短毛種のイエネコ
多種多様なネコ界のマジョリティー　　　　　40

長毛種のイエネコ
豪華な毛並み、優雅な姿で人間を魅了する　　100

イエネコの習性
野生のDNAを残しながら人と暮らす　　　　146

子ネコ
小さくても本能が垣間見えるかわいい捕食者　186

索引　　　　　　　　　　　　　　　　　　　　222

写真クレジット　　　　　　　　　　　　　　　223

はじめに

「猫に九生あり」ということわざがあるが、本当に命が9つあるわけではない。とはいえ、ネコは木登りが得意で高いところから飛び降りたとしても、必ず無事に着地できる。ネズミやヘビなどの獲物にそっと忍び寄って捕まえることも得意で、家の中や庭からこうした害獣を駆除してくれる。このように生まれながらの捕食者であるネコは、祖先とされている野生種のリビアヤマネコの本能や習性をたくさん受け継いでいる。

内に野生の本能を秘めている、このモフモフの存在は人間にとって最高の仲間だ。実は、ニャーという鳴き声も人間とコミュニケーションをとるために発達したのだ。家のネコも野生のネコも含め、すべてのネコはネコ科に属している。ネコの家畜化は紀元前7500年頃の近東で起こったが、そうなったのは人間の生活圏に近い場所にいた方がネコにとって都合がよかったからだ。やがて19世紀半ばになると新しい品種が誕生し始め、愛猫家たちが集まって同好会を作り、ショーやコンテストを開催するようになった。現在、家のネコは短毛種と長毛種の2つに大別され、世界中で約7億匹がコンパニオンアニマルとして飼われているが、そのすべては品種に関係なく1つの種、つまりイエネコだ。

世界的に人気の高いエクストリームタイプのペルシャは、平たい顔と絹のような手触りの長い被毛が特徴

愛らしいロシアン・ブルーの子ネコ。密生
した短いシルバーブルーの被毛が美しい

野生のネコ

独自の生存戦略で自然の中を生きる

　野生のネコ科動物は威風堂々とした姿が美しく、独自の狩りの技術を持つ。多くはオセロットやネコ科で最小の種であるサビイロネコのように小型だが、ライオンやトラといった大型のものもネコ科動物だ。現在、世界にはイエネコも含め41種が存在する。一般に群れをつくらず、ヨーロッパ、アフリカ、アジア、南北アメリカの熱帯雨林から砂漠や山岳地帯まで広く生息する。

　いずれの種も独自の生存戦略を持ち、周囲の環境に適応した特有の毛色と模様になっている。野生では、ネコ科動物が最も活動的になるのは明け方と夕暮れ時だが、この時間帯は獲物を捕まえる絶好の時間帯でもある。

　ネコ科動物は、大型種の「ヒョウ亜科」と小型種の「ネコ亜科」の2つに大別される。その違いは、ライオン、トラ、ヒョウ、ユキヒョウ、ウンピョウ、ジャガーといった大型の種は吠えるが、小型の種は喉を鳴らす程度と言えなくもない。だが、ヒョウ亜科の種すべてが吠えるわけではないところがややこしい。ネコ亜科はイエネコも含め、さらに7つの系統（リネージ）に分類される。ただ残念なことに、野生のネコ科動物のほとんどが現在、生息地の喪失や密猟によって絶滅に瀕しているか、絶滅が危惧されている。

ユーラシアオオヤマネコは、ヨーロッパではヒグマとオオカミに次ぎ3番目の大きさを誇る捕食動物。しかし、野生のネコの中では中程度の大きさで、小型種であるネコ亜科に属する

ユーラシアオオヤマネコ
英名：Eurasian lynx
学名：*Lynx lynx*

単に「オオヤマネコ」とも呼ばれる。その名から分かるように、ユーラシア大陸に広く分布する。耳の先端にピンと立つ黒い飾り毛と短い尾を持つユーラシアオオヤマネコは、オオヤマネコ系統に属する4種の中で一番体が大きい

子どものユーラシアオオヤマネコ
黒い斑点が美しい冬の毛色は、銀灰色から灰色がかった茶色までさまざまだが、夏になると赤みを帯びたり、褐色になったりする

カナダオオヤマネコ

英名：Canada lynx
学名：*Lynx canadensis*

北米種のカナダオオヤマネコは、アメリカ北部、カナダ、ア
ラスカの森林地帯に広く分布しているが、獲物となるカン
ジキウサギの生息地と一致している。厚い毛に覆われた
足先は大きく幅広のため、雪の上でも歩きやすく、獲物を
仕留めることができる。足は長いが、獲物を静かに待ち伏
せし、一気に襲いかかる

ボブキャット

英名：Bobcat
学名：*Lynx rufus*

別名アカオオヤマネコ。北米の固有種で、名
前はその短い尾（ボブテイル）に由来する

ボブキャットはオオヤマネコ系統に属する 4 種の中で最も体が小さく、260 万年前に北米に入ってきたオオヤマネコから分岐したと考えられている

スペインオオヤマネコ

英名: Iberian lynx
学名: *Lynx pardinus*

絶滅が危惧されるこの野生種はスペインとポルトガルを原産とする。体毛は黄色がかった赤または黄褐色で、こげ茶や黒の斑点がある。オオヤマネコ系統の中では、スペインオオヤマネコの斑点が最も濃くはっきりしている。オスは 1 日にウサギ 1 匹を餌にするのに対し、子連れのメスの場合は 3 匹必要になる

アメリカ大陸にのみ生息する
オセロット系統の仲間たち

アンデスキャット
英名： Andean mountain cat
学名： *Leopardus jacobita*

絶滅危惧種のアンデスキャットは南米ア
ンデス山脈の高地に生息する。銀灰色の
体毛には黒または茶の斑点や縞模様が
入っており、ふさふさの長い尾には濃いリ
ング状の模様がある。パンパスキャットと
混同されることの多いこの小型野生ネコ
には目の両端に2本の横縞が走り、耳は
丸く鼻は黒い

マーゲイ

英名： Margay

学名： *Leopardus wiedii*

中南米に生息するこの木登り上手な小型の野生種は、「ツリーオセロット」の異名も持つ。オセロットとよく似た外見で、茶色の体毛にこげ茶や黒の斑点や縞模様が入っているが、オセロットよりも小柄で尾は長い

ジョフロイキャット

英名： Geoffroy's cat

学名： *Leopardus geoffroyi*

南米の固有種ジョフロイキャットは、フランスの博物学者エティエンヌ・ジョフロワ・サンティレールにちなんで名づけられた。被毛は黄褐色から灰色までバラエティに富み、小さな黒い斑点がたくさん入っている。大きさはイエネコくらいだが、イエネコよりも頭がやや平たく、尾は短い

コスタリカの森の中、高い木の上でくつろぐマーゲイ。日中のほとんどの時間を木の上で過ごし、夜になるとネズミやリス、サル、鳥、昆虫などを狙って狩りをする。身のこなしが軽く、前足と後ろ足でしっかり木の枝を掴み、飛ぶように幹の表面を移動する。垂直に約 2.4 メートル、水平に約3.7 メートル跳ぶことができ、頭を下にして木を駆け下りることもできる

パンパスキャット

英名： Pampas cat

学名： *Leopardus colocola*

南米の固有種。イエネコとほぼ変わらない大きさで、尾は
密生した毛で覆われている。その名は肥沃な低地の大草
原・パンパスに由来しているが、実は森林地帯でも見るこ
とができる。同じパンパスキャットでも被毛の色、模様、感
触は個体差が大きく、大きさも地域によって異なる

タイガーキャット

英名： Oncilla

学名： *Leopardus tigrinus*

別名ジャガーネコ。中南米に生息し、小さな斑点模様を
持つ。近縁種のオセロットやマーゲイと重なる部分が多い。
しかし、この種はオセロットやマーゲイよりも小柄で、マズ
ルが小さい。南米に生息する特に小柄な野生ネコの1種で、
体重はわずか1.5〜3.5キログラムだ

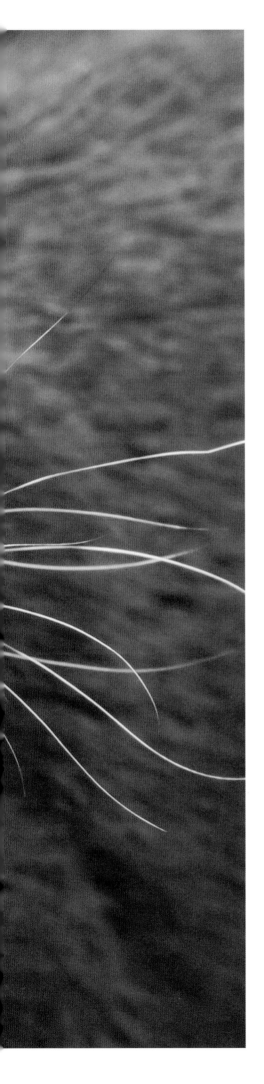

スリムな体をしならせるピューマ系統の3種

ジャガランディ

英名：Jaguarundi
学名：*Herpailurus yagouaroundi*

中南米に分布するジャガランディは、ウーと唸ったり、シャーという声で威嚇したりする。体の色は赤系か黒系のいずれか。おしゃべり好きで、「ゴロゴロ」「ヒューヒュー」「キャッキャッ」といった鳴き方から「チュンチュン」という小鳥のさえずりのような鳴き声まで、13種類以上の鳴き方を使い分けて意思を伝達する。胴が長く、頭部は小さく扁平で、短い足と長い尾を持ち、見た目はネコよりもカワウソやオコジョなどのイタチ科の動物によく似ているが、チーターやピューマと同じピューマ系統である

チーター

英名：Cheetah
学名：*Acinonyx jubatus*

チーターは、斑点模様のある大型のピューマ系統の種。小さく丸みを帯びた頭と短いマズルを持ち、「ティアーズマーク」と呼ばれる黒い筋が涙のように目から口元に伸びている。アフリカと中央イランに生息する。生後間もないチーターの首から背中にかけて、黄色がかった灰色のたてがみがあり、これがカモフラージュの役目を果たしていると考えられている。子連れのメス、若いオス兄弟の群れ、単独のオスの3つの社会に分かれて暮らしている

チーターは陸上動物の中で世界最速を誇り、走り始めてからわずか3秒で時速96キロメートル以上に達する。スリムでありながら筋骨がたくましいことに加え、長くてしなやかな背骨と大きな心臓・肺・鼻孔が加速を助け、最大時速は120キロメートルになるとも言われる。日中に狩りをすることが多く、獲物に気づかれないようにそっと近づいてから、一気に加速し、追いつきざまに前足の爪で引っかけて獲物を転倒させる

ピューマ

英名：Cougar / Mountain lion
学名：*Puma concolor*

南北アメリカ大陸に生息し、単独で行動するピューマは、北米最大のネコ科動物だ。大型種であるかのように大きな体をしているが、小型の種であるネコ亜科に分類され、「マウンテンライオン」や「クーガー」と呼ぶ地域もある。獲物となる鹿などの哺乳動物をじっと待ち伏せし、一気に背後から飛びかかる、奇襲が得意な捕食者だ

木の上に登って、待ち伏せするピューマ。大きな前足と長い後ろ足のおかげで5.5メートルの高さまで木に飛びつくことができる

カラカル系統を成すカラカル属とサーバル属の3種

カラカル

英名： Caracal / Desert lynx
学名： *Caracal caracal*

同じカラカル系統で近縁の関係にあるアフリカゴールデン
キャットやサーバルはアフリカだけに生息するが、カラカル
は、アフリカだけでなく西アジアにも生息する。別名「デザー
トリンクス」や「ペルシャリンクス」とも言われるカラカル
の名は、トルコ語で「黒い耳のネコ」を意味する「*Karrah-
kulak*」に由来している。耳の先端に長い飾り毛があり、オオ
ヤマネコに似ているが、カラカルの体毛は赤または砂色で模
様はない。たくましい後ろ足のおかげで瞬時に加速でき、木
登りやジャンプも得意だ

カラカル系統を成すカラカル属とサーバル属の3種

カラカル

英名： Caracal / Desert lynx
学名： *Caracal caracal*

同じカラカル系統で近縁の関係にあるアフリカゴールデン
キャットやサーバルはアフリカだけに生息するが、カラカル

アフリカゴールデンキャット

英名： African golden cat

学名： *Caracal aurata*

西アフリカと中央アフリカの熱帯雨林を原産とするアフリ
カゴールデンキャット。栗色から灰色や黒までと毛色に幅が
あるが、斑紋は大半の種にある。大きさはイエネコの 2 倍で、
同じカラカル系統のカラカルやサーバルに類似しているが、
耳は小さく丸みを帯び、先端に黒い飾り毛はなく、長い尾と
丸い顔を持つ

サーバル

英名： Serval

学名： *Leptailurus serval*

生息地のアフリカサバンナの草原を歩くオスのサーバル。中型で斑紋のある
サーバルは、大きな耳と長い足が特徴だ。日夜を問わず活動的で、優れた聴覚
で獲物の場所を突き止め、空中を 1.5 メートルも跳び上がって丈の高い草の向こ
うを見渡したり、鳥を捕まえたりできる、優雅に舞うジャンプの達人と言えよう

アフリカゴールデンキャット

英名： African golden cat

学名： *Caracal aurata*

謎に包まれた
ベイキャット系統の野生ネコ

マーブルキャット

英名： Marbled cat

学名： *Pardofelis marmorata*

マーブルキャットは、ヒマラヤ東部の山
麓から東南アジアに広がる森林地帯に生
息する。アジアゴールデンキャット、ベイ
キャットと近縁の関係にあり、この3種
でベイキャット系統を構成する。イエネコ
と同等の大きさだが、非常に長い尾を持
ち、樹上を移動するときにこの尾で巧みに
バランスを取る

アジアゴールデンキャット

英名：Asian golden cat
学名：*Catopuma temminckii*

詳しい生態がまだよく分かっていないベイキャット系統の中型種。インド亜大陸北東部や東南アジア、中国などに生息する。別名で「テミンクゴールデンキャット」とも呼ばれ、体毛は琥珀色から赤褐色や黄褐色、黒まで多彩だ

アジアに生息する
ベンガルヤマネコ系統の野生ネコ

サビイロネコ

英名: Rusty-spotted cat
学名: *Prionailurus rubiginosus*

ベンガルヤマネコ系統に属し、ネコ科で
最も小さな種の一つと言われる希少種。
体重はわずか 0.9 〜 1.6 キログラムしか
ない。その名が示す通り、体毛は赤味を帯
びた灰色で、背中やわき腹にはさび色の
斑点がある。インドやスリランカ、ネパー
ルでみられる

スナドリネコ

英名: Fishing cat

学名: *Prionailurus viverrinus*

その名スナドリ※が示すように、水中で魚を捕るベンガルヤマネコ系統の種。南アジアや東南アジアの水辺に生息し、獲物の4分の3を魚が占める。イエネコの2倍ほどの大きさで、長時間泳ぐことも潜ることもできる。インド・西ベンガル州の公式なネコ種として認定されている

※漢字で漁り、漁をする意

ベンガルヤマネコ

英名: Leopard cat

学名: *Prionailurus bengalensis*

斑点があり模様は似ているがヒョウとはまったくの別種で、アジア本土に分布するベンガルヤマネコ系統の種。大きさはイエネコとほぼ同じだが、体つきはきゃしゃで足は長く、前足に水かきがある。1970年代にイエネコと交配された結果、新品種ベンガルの誕生につながった

スンダベンガルヤマネコ

英名: Sunda leopard cat

学名: *Prionailurus javanensis*

南アジアと東南アジアに生息するこのベンガルヤマネコ系統の野生ネコは、2017年に初めてベンガルヤマネコの別種として公認された。ジャワ島、バリ島、ボルネオ島、スマトラ島から成るスンダ列島とフィリピンを原産とする

マレーヤマネコ

英名： Flat-headed cat

学名： *Prionailurus planiceps*

マレーヤマネコは、マレー半島からボル
ネオ島、スマトラ島にかけて分布する絶滅
危惧種。主に湿地帯に生息する。同じベン
ガルヤマネコ系統に属するスナドリネコ
のように、魚を主食とする。両目は極端に
中央に寄っているため立体視に優れてい
る。頭部は赤褐色の太い毛で覆われてい
るが、胴体は濃いめの褐色だ

マヌルネコ

英名： Pallas's cat / Manul

学名： *Otocolobus manul*

ベンガルヤマネコ系統に分類されるマヌ
ルネコ属の種。プロイセン王国（現ドイツ）
の動物学者・植物学者ペーター・ジーモン・
パラスにちなんで英名は「パラスネコ」と
呼ばれることもある。大きさはイエネコほ
どであり、長くて厚い灰色の体毛に覆われ
ているため、アジアや中東の岩場の多い
草原や灌木地といった環境の中でも体温
を維持でき、長く身を隠すことが可能だ

ヨーロッパヤマネコ

英名：European wildcat
学名：*Felis silvestris*

ヨーロッパヤマネコは、イエネコも含まれるネコ属に分類されていて、大型のイエネコと間違えられやすい。ヨーロッパの一部地域、トルコ、コーカサス山脈に分布する

ステップヤマネコ

英名：Asiatic wildcat
学名：*Felis lybica ornata*

別名「アジアヤマネコ」や「インドスナネコ」とも言われるリビアヤマネコの亜種。中央アジアから北東インドに分布し、1940年代までは独立種とされていた

リビアヤマネコ

英名：African wildcat
学名：*Felis lybica*

すべてのイエネコ共通の祖先である野生
種。約1万年前の「肥沃な三日月地帯」と
呼ばれる近東地域で家畜化されたとみら
れる。イエネコ系統に分類され、2017年
まではヨーロッパヤマネコの亜種とされ
てきたが、現状は亜種か独立種かは見解
が分かれる

スナネコ

英名：Sand cat
学名：*Felis margarita*

砂漠の環境に適応した、イエネコ系統に分類される小柄な野生ネコ。砂色の体毛は砂漠に溶け込んで身を隠すのに都合がよく、足裏を覆う長い毛は断熱材の役割を果たして極端な暑さと寒さの両方から肉球を守る。水がほとんどない環境のため、必要な水分は獲物から摂取する

クロアシネコ

英名：Black-footed cat
学名：*Felis nigripes*

イエネコ系統に分類されるこの種は、体重1.1～2.45キログラムで、ネコ科で最も小さな種の一つと言われるアフリカの野生ネコ。胴体は黒または茶の斑点と縞模様の体毛で覆われ、足裏だけがクロアシネコの名にふさわしく黒い

ハイイロネコ

英名：Chinese mountain cat
学名：*Felis bieti*

中国政府の保護対象となっているハイイロネコの学名は、19世紀フランスの宣教師・博物学者フェリックス・ビエにちなんでいる。中国西部の固有種で、別名「チャイニーズ・ステップ・キャット」「チャイニーズ・マウンテン・キャット」「チャイニーズ・デザート・キャット」とも

**イエネコに似た
ステップヤマネコの子ネコたち**

縞模様のあるイエネコに似ているが、ス
テップヤマネコは間違いなく野生種だ。
足はイエネコよりも長い

ジャングルキャット

英名：Jungle cat / Swamp lynx
学名：*Felis chaus*

その名から生息地はジャングルと思われ
そうだが、実は中東やアジア全域の沼地
など、草木が生い茂る湿地帯で暮らす。実
際、ジャングルキャットは別名「沼地のネ
コ」や「葦原のネコ」という。イエネコ系
統に属するが、体はイエネコより大きい。
毛柄は斑点のない無地で、毛色は砂色か
ら赤褐色や灰色まで幅広く、先端が黒い
毛の個体もいる

ヒョウ系統に属する大型の野生ネコ

ユキヒョウ

英名： Snow leopard
学名： *Panthera uncia*

淡いグリーンやグレーの瞳を持ち、エキゾチックな毛皮をまとう美しくも謎に包まれたユキヒョウは、中央アジアから南アジアに至る山岳地帯の中を広く行動する。雪が多く寒さが厳しい岩場という生息環境に適応し、急斜面をものともせず獲物を追って駆け下りることができる。大型種のヒョウ亜科（ヒョウ系統）に分類されるが、吠えることはできない

ウンピョウ

英名： Clouded leopard
学名： *Neofelis nebulosa*

体にはっきりと雲の形をした斑点と縞があることから、「ウンピョウ（雲豹）」と名づけられた。ヒマラヤ山脈の麓から中国南部一帯や東南アジアまで分布する。ヒョウ亜科に分類されるウンピョウ属の希少種で、「大陸ウンピョウ」とも言われる。密林の中に生息し、地上と樹上の両方で狩りをする

ジャガー

英名：Jaguar
学名：*Panthera onca*

大型種のヒョウ亜科に分類され、ヒョウ
系統を成す。南北アメリカ大陸に分布する
唯一の大型種として中南米に広く生息し、
体重は大きい個体で 96 キログラムにも
なる。体毛は淡い黄色と黄褐色で、胴体に
は「ロゼット※」と呼ばれる大きな斑点が
ある。ジャガーの中でメラニズム（黒色素
過多症）の個体は「ブラックパンサー」と
呼ばれる

※バラの花状の模様

トラ

英名：Tiger
学名：*Panthera tigris*

絶滅危惧種のトラは、すべてのネコ科動物の中で最も大きい。くっきりとした縞模様は、断片的に分布するアジアの森林地帯で身を隠すのに役立つ。トラは単独行動をする動物で、縄張り意識が強く匂いをつけて主張する。風格漂うトラは、インド、バングラデシュ、マレーシア、韓国が国のネコ種として公式に認定している

2頭のわが子とくつろぐメスのトラ。単独で行動するトラは、1年を通して繁殖が可能で、1回の出産で2頭から3頭の子を産む。子どものトラは2年ほど母親と暮らしてから、自分の縄張りをつくる。メスの子どもは、その後も母親の縄張りの近くにいるが、オスは遠く離れる

ライオン

英名： Lion
学名： *Panthera leo*

ライオンは社会性を持っており、アフリカとインドに生息する。日中の大半は休息し、夕暮れ後に活動的になる。ライオンやトラなどのヒョウ属の仲間が、ゴロゴロと喉を鳴らすのではなく咆哮するのは喉頭が大きいからだ。ライオンの咆哮は8キロメートル先まで聞こえるという

ライオンは大型種の中で唯一、「プライド」と呼ばれる群れをつくって集団生活をする。1つのプライドは数頭の成熟したオス、複数の血縁のメス、子どもで構成される。メス同士は協力して狩りをし、ヌーなどの大型の獲物を捕獲する。出産するときはプライドを離れ、子どもが生後6～8週になるまで戻らない。頭をすり寄せたり、舐めあったりして挨拶するのが、プライドの仲間同士にみられる社会的行動だ

短毛種のイエネコ

多種多様なネコ界のマジョリティー

イエネコ(ネコ)は、その姿形や大きさに関係なくほとんどが短毛種だ。初めて家畜化された当時のネコは、祖先である野生のネコ科動物と同じように短毛だった。短毛種のネコは比較的自由に動けるため、狩りがうまい。

ネコが初めて家畜化されてから、短毛種の交配が数多く行われてきた結果、毛色も模様も千差万別で、特性や性格もそれぞれに異なる品種が誕生した。短毛種のなかには毛のない変わり種もいる。その多くは突然変異の結果であり、まったく毛がないか、あっても産毛のような被毛で生まれてくる。こうした個体を選別し、人工的に交配することでスフィンクスのような新しい品種が誕生した。このほかにもレックス種のように、遺伝子変異で縮れ毛や巻き毛を持つネコもいる。

ただ、短毛種のイエネコすべてが特定の品種に属しているわけではなく、その95パーセントが「モギー(雑種)」と言われる祖先が分からない混血だ。

短毛種のネコは手入れの必要があまりないので一般に世話しやすいと言われる。しかし、いずれの品種も固有の特徴があり、短毛種でも毛の抜けやすいネコもいる。特にアンダーコート(下毛)が抜ける換毛期となれば抜け毛はさらに増える。

オリエンタル・ショートヘア
英名： Oriental shorthair

オリエンタルショートヘアは、くさび型の面長の顔、アーモンド形の目、そしてコウモリのような大きな耳が特徴。1950年代にシャムと短毛種のイエネコを交配してつくり出された。当初こげ茶色の被毛から「ハバナ※」と呼ばれていたが、現在この好奇心の強いネコは、毛色も模様も多彩である
※チョコレート色をしたイギリス原産のネコ

アビシニアン

英名： Abyssinian

別名「アビー」とも呼ばれる知的な雰囲気をまとうこの品種はイギリスで誕生した。アビシニアンという名は、発祥の地とされるアビシニア（現在のエチオピア）に由来する。しかし、遺伝子を分析したところ、被毛の1本1本に「アグチ毛」と呼ばれる濃淡の帯状の模様があり、全体にティッキング※のある体毛は、インド北東部の沿岸地域に生息するネコから派生した可能性があることが分かった

※1本の毛に縞状に色が入る

すらっとした足に、筋肉質で引き締まった
体のアビシニアンは野性を感じさせる風貌

光にあたって艶めく
赤褐色の毛色

濃い赤褐色ベースに黒いティッキングが入る「標準色」と
して知られるアビシニアン。野生ネコをはじめとする多くの
哺乳動物にとって、ティッキングの入った体毛は、周囲に溶
け込んで身を隠すのに都合がいい。このほか、ブルーと淡
黄褐色といった独特のティッキングを持つこともある

ピューリタンとともに
海を渡ったイエネコの末裔

アメリカン・ショートヘア

英名： American shorthair

北米を代表する人気の高い品種。以前は「ドメスティック・ショートヘア※」という名で知られていた。1600 年代にヨーロッパの清教徒（ピューリタン）がアメリカに連れてきたイエネコの末裔と考えられている

※国産（地元）の短毛種。縞状に色が入る

アメリカン・カール

英名： American curl

アメリカン・カールは、大きな目と変わった形状の耳が特徴の比較的新しいネコ種。当初は祖先と同じ長毛だった。その起源は 1981 年にアメリカ・カリフォルニア州で発見され、「シュラミス」と名づけられた黒いメスの迷い猫である。特徴である外側にカールした耳（反り耳）は突然変異による

アフロディーテ・ジャイアント

英名： Aphrodite giant

この大柄なネコは、キプロス島の家畜化されたネコから標準化された品種として確立される途上にある。別名「アフロディーテの巨人」や「アフロディーテ」と呼ばれ、たくましく発達した筋肉、長い後ろ足、厚く密生した体毛を持っていることから、かつては極寒の山岳高地に生息していたと考えられている

アメリカンショートヘアから生まれた
ワイヤーの毛を持つ希少な猫

アメリカン・ワイヤーヘア
英名：American wirehair

その名の通り、ワイヤー（針金）のような縮
れ毛が珍しいアメリカン・ワイヤーヘアは、
1966 年、アメリカ・ニューヨーク州バー
ノンで誕生した。ワイヤーのような体毛は
突然変異によるもので、毛の先端が鉤状
に曲がったり、ねじれたりしている。アメリ
カン・ワイヤーヘアはアメリカン・ショー
トヘアの血を継いでいる

エイジアン

英名： Asian

エイジアンは別名「マレー」とも呼ばれ、イギリスで誕生した。性格は人懐こい。エイジアン・ソリッド、エイジアン・タビー、エイジアン・スモーク、バーミラの4つの亜種がある。この眠っているエイジアンはまるで口ひげが生えているようだ

アラビアン・マウ

英名： Arabian mau

アラビア半島の砂漠で自然発生したネコを起源とし、2000年代に作出された新しい品種だが、本来の特徴や性質をよく残している。非常に活動的で、狩猟本能も縄張り意識も強いが、忠誠心が高く、家族の素晴らしい一員になる

砂漠での暮らしが
今も息づく

アラビアン・マウは動物から果物や昆虫まで
何でも食べるが、それは餌となる食べ物が乏
しかったかつての厳しい生息環境に由来する。
自然交配種は今でも人間の生活圏に近い砂漠
地帯でみられる。夏の暑さを避けて日中は眠
り、夕暮れから夜明けにかけて活発に動く

バーミラ

英名： Burmilla

バーミラはバーミーズとチンチラペルシャ
から体型と性格を受け継いでおり、明るく
マイペースな性格。偶然の交配で1981年
にイギリスで誕生した。血統登録機関に
よってはバーミラをエイジアングループに
分類している

バンビーノ

英名： Bambino

無毛のスフィンクスと短足のマンチカンの
交配で生まれた、変わった見た目のバン
ビーノ。名前はイタリア語で「赤ん坊」を
意味する。まったく毛がないように見える
が、実は産毛のような細い毛で覆われて
いる。2005年にアメリカで誕生した

50

ミストがかかった
オーストラリア初の血統種

オーストラリアン・ミスト

英名：Australian mist

ブリーダーに好まれるバーミーズ、アビシニアン、アメリカン・ショートヘアを交配し、9年の歳月をかけてオーストラリア初の血統種として誕生した。スポット（斑点）やマーブル模様と、ところどころにティッキングが入った体毛を持ち、以前は「スポッテッドミスト」と呼ばれたとおり、霧（ミスト）がかかったように見える

ベンガルヤマネコの
血を受け継ぐ
野性味あふれる美しい姿

ベンガル
英名： Bengal

エキゾチックな毛皮をまとうベンガルは、
非常に野生的で美しいハイブリッド種と
言えよう。ベンガルヤマネコに短毛のエジ
プシャン・マウやアビシニアンなどのイエ
ネコを異種交配させて誕生した。かつては
「レパーデッテ」と呼ばれることもあった

微笑みを浮かべた
「フランスの宝」

シャルトリュー
英名：Chartreux

厚く密生したブルーグレーの被毛が魅力
のおとなしいシャルトリューは、フランス
原産で、いつも「微笑みを浮かべている」
ように見える。裏付けとなる資料はないが、
言い伝えによると、シャルトリューはもと
もと「シャルトリューズ」というリキュール
を製造していたカルトゥジオ修道会の修
道士がフランスに持ち込んだと言われて
いる

バーミーズ
英名：Burmese

英語で「ビルマ人」を意味するその名が示すように、ビルマ（現ミャンマー）原産である。1930 年代に初めてビルマからアメリカに連れてこられた原種のバーミーズをシャムと交配させて誕生したのが現在のバーミーズだ。その後イギリスに持ち込まれると、バーミーズよりも長い耳と胴という身体的特徴を得て、「ヨーロピアン・バーミーズ」と呼ばれるようになった

ブラジリアン・ショートヘア
英名：Brazilian shorthair

表情豊かな眼差しのブラジリアン・ショートヘアは、その名が示すようにブラジルで初めて血統登録機関に公認された品種である。1500 年頃にポルトガル人が持ち込んだネコとブラジルの土着ネコとの交配によって誕生した

ボンベイ
英名：Bombay

見た目はクロヒョウだが、構われるのが大好きなボンベイは、ひげ、鼻、口元、被毛のすべてがはっきりと黒く、目は金色または赤銅色だ。このような特徴のすべては同じ系統に属するセーブル（濃い褐色）のバーミーズとブラック系のアメリカン・ショートヘアから受け継いだ

ブルーグレーがトレードマーク、
イギリス最古の品種の一つ

ブリティッシュ・ショートヘア
英名： British shorthair

オレンジ色の目を持つ堂々とした佇まいに「ブリティッ
シュ・ブルー」と呼ばれるブルーグレーの毛が特徴のネコ。
イギリスで最古の品種の一つである。ブルーグレー以外に
もさまざまな毛色と模様を持つ。もともとは古代ローマ人
が持ち込んで土着の野生ネコと異種交配したイギリスの
イエネコから誕生した

ブルーグレーがトレードマーク、
イギリス最古の品種の一つ

ブリティッシュ・ショートヘア
英名： British shorthair

オレンジ色の目を持つ堂々とした佇まいに「ブリティッ
シュ・ブルー」と呼ばれるブルーグレーの毛が特徴のネコ。
イギリスで最古の品種の一つである。ブルーグレー以外に
もともとは古代ローマ人

ジャングルキャットと
イエネコのハイブリット

チャウシー
英名： Chausie

チャウシーはイエネコと野生のジャング
ルキャット（学名 *Felix chaus*）との交配によっ
て 1990 年代に誕生した。品種名はジャン
グルキャットの学名の英語読みに由来す
る。チャウシーは細身の体型で、毛色と模
様は、黒の単色、白い毛の混じった縞模様
（ブラックグリズルド・タビー）、茶または
茶のティッキングの入った縞模様（ブラウ
ンティックド・タビー）の 3 種類がある

カラーポイント・ブリティッシュ・ショートヘア

英名： Colourpoint british shorthair

その品種名からカラーポイント・ショートヘアと混同されることが多い。ずんぐりとしたこの品種は 1991 年に公認された。被毛の模様はシャムと似ており、目の色は青く、頭は大きく丸く、マズルは短い

キプロスのネコたち

このネコたちはキプロス島で長い年月の間に家畜化された。「キプロス猫」「セントヘレン猫」「セントニコラス猫」として知られ、「アフロディーテ・ジャイアント」や「アフロディーテ」の名で標準化された品種として確立される途上にある

ヨーロピアン・ショートヘア

英名：European shorthair

ヨーロピアン・ショートヘアはヨーロッパ原産のイエネコに多い穏やかで人懐こい品種。スウェーデンで誕生した。室内飼いと外飼いのいずれも可能で、どちらの場所でもネズミなどを駆除してくれる

ドラゴン・リー

英名：Dragon li

この黄色い目の大柄なキジネコ（ブラウン・マッカレル・タビー）は、別名「チャイニーズ・リーファ」とも言われる中国生まれのネコだ。中国のイエネコ「リーハウマオ」（中国語で狸花猫の意）から誕生した

コーニッシュ・レックス

英名：Cornish rex

「レックス」と呼ばれる巻き毛が全身を覆うコーニッシュ・レックスは、アンダーコートかダウンヘア※しかなく、毛はとても細い。寒さに弱いため、温度管理できる環境下で飼う必要がある

※長短2種類の毛のうち柔らかくて短い方の毛

犬のような気質と縮れ毛から
愛称は「プードルキャット」

デボン・レックス
英名：Devon rex

デボン・レックスはコーニッシュ・レックス
と同じように、突然変異によって縮れた短
い被毛とひげを持つ。ただ違うのは、ガー
ドヘアと呼ばれる外側の毛もある点だ

深いシワに、
アーモンド形の目……
唯一無二の存在感

ドンスコイ
英名：Donskoy

ドンスコイは1980年代にロシアで誕生
し、「ドンスフィンクス」や「ロシアン・ヘ
アレス」とも呼ばれる。体には深いシワ
が刻まれ、耳は大きく、アーモンド形の目
をしている。ロストフオンドンという町で
発見され、救い出された子ネコの末裔で
ある。ドンスコイのなかには完全に毛がな
いものもいるが、産毛が生えているもの
や巻き毛で覆われているものもいる

63

ジャパニーズ・ボブテイル

英名：Japanese bobtail

名前から分かるように、日本が原産で、非常に短い丸い尾
（ボブテイル）をしている。古来日本の民話や芸術作品の
中にも登場し、幸運をもたらすとも言われている

メコン・ボブテイル
英名： Mekong bobtail

かつては「タイ・ボブテイル」と呼ばれていたが、尾が丸くて非常に短く（ボブテイル）、東アジア・東南アジア地域を流れるメコン川にちなんで名づけられた。東南アジア全域で見られるが、誕生したのはロシア。タイ王室で飼われていた、古代の僧院を守っていたなどの言い伝えがあり、19世紀にはロシア皇帝ニコライ二世に贈られている

ライコイ
英名： Lykoi

体はスレンダーながらも筋肉質で、黒とグレーの毛がまばらに入り混じる。オオカミ男を想起させることから、「ウェアウルフ・キャット」や「ウルフ・キャット」という愛称があるが、品種名のライコイはギリシャ語で「オオカミ」という意味。完全に毛で覆われたタイプもいれば、毛がまばらなタイプもいる。この外見は短毛の雑種ネコが突然変異したことによる

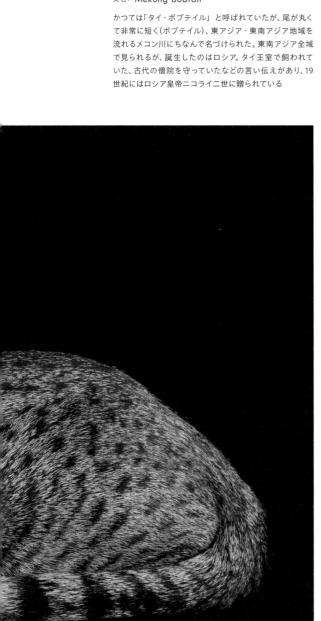

独特のスポテッドタビーを持つ
その名も「エジプトのネコ」

エジプシャン・マウ
英名： Egyptian mau

エジプト原産で自然発生したと考えられているスポット柄が特徴のネコ。イエネコの中で最も足が速いと言われている。斑点模様は毛先に現れ、額には*M*字のマークが浮かび上がっている

第二次世界大戦直後のベルリンで
保護された黒ネコから始まった

ジャーマン・レックス
英名： German rex
ドイツ原産のジャーマン・レックスは人懐こい品種。コー
ニッシュ・レックスと同じ遺伝子変異により、短毛の巻き
毛とひげを持つ。短毛だが定期的に手入れしたり、入浴さ
せたりする必要がある

ハイランダー
英名：*Highlander*

ハイランダーは 10 キログラム超にもなる重量級のネコ。デザートリンクスとジャングルカールを交配させた希少種だ

ハイライダーは外向きに緩くカールした耳、タビー※、丸まった短い尾を特徴とする
※縞模様

カオ・マニー

英名： Khao manee

原産であるタイの言葉で「白い宝石」を意味する名の希少種。「ダイヤモンド・アイ・キャット」とも呼ばれ、特徴的な美しい目の色は多様で、それらの色が左右で異なるオッドアイの場合もある。かつては門外不出のネコとしてタイ王室で飼育され、繁殖させていたという

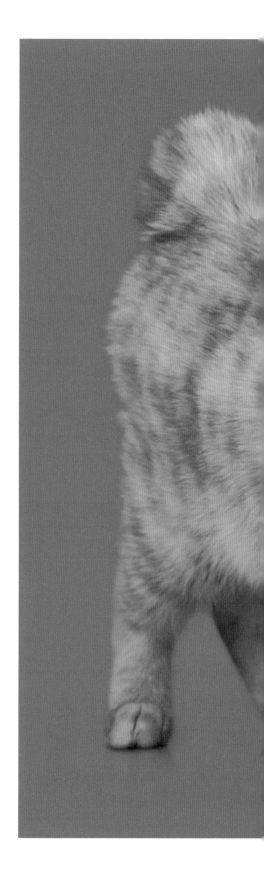

コラット

英名： Korat

コラットは古代からタイに棲むシルバーブルーのネコ。幸運を呼ぶと言われ、特徴的なハート型の頭と大きなグリーンの目で知られる。実はその目は、幼い頃はアンバー（黄褐色）だが、成熟するにつれて徐々にグリーンに変わる。その起源を12世紀まで遡る最も古い品種の一つ

千島列島に古くからいた
ボブテイル

クリリアン・ボブテイル
英名：Kurilian bobtail

その名が北太平洋上の千島列島の英名「クリルアイラン
ド」に由来する短尾（ボブテイル）種。特徴的な短くてね
じれた尾は突然変異によるもので、長さも形も尾椎の数
（2〜10個）によってさまざま

オホサスレス

英名：Ojos azules

スペイン語で「鮮やかな青い目」を意味する名前の非常に珍しいネコ。1984年にアメリカ・ニューメキシコ州で発見された。被毛の長さも色も模様もあらゆるバリエーションがあるが、片目は必ず濃いブルー。この品種には、頭蓋骨の形成不全などの疾患があるため、現在はほとんど生息していない

ラパーマ

英名：LaPerm

長くカールしたひげを持つラパーマの名は、羊毛のような縮れ毛や巻き毛に由来する。先祖は1980年代のアメリカの農場で、突然変異によって誕生した。ラパーマには短毛種と長毛種の両方があり、ふわふわした手触りで、色も模様も多様だ

なぜ尾がないのか……
謎を呼ぶマン島のネコ

マンクス

英名：Manx

グレートブリテン島とアイルランド島の間
にあるマン島に棲むマンクスの尾がない
（もしくは短い）理由については諸説ある。
スペイン無敵艦隊が沈没し、尾のないネ
コがマン島に泳ぎ着いたという説もあれ
ば、ノアの箱舟に飛び乗ったときにネコの
尾が切れてなくなったという説もある。な
かにはネコとウサギの混血という説を唱
える者さえいる

マンチカン

英名： Munchkin

足の長さが他のネコの半分ほどしかない
マンチカン。短足は遺伝子の突然変異に
よるものだが、短い割には走ることが得意
で、後ろ足の上に体を乗せて座ることもで
きる。性格は好奇心旺盛

マンチカンの品種名は、『オズの魔法使
い』に登場する背の低い「マンチキン族」
に由来する

世界中で最も愛される
イエネコ「モギー」

雑種

混血または祖先が不明で特定の品種に分
類されない短毛のイエネコは、すべて「雑
種（モギー）」とされる。この縞模様の短
毛のネコは、額の *M* 字のマークが異彩を
放っている

ピーターボールド

英名： Peterbald

オリエンタル・ショートヘアとドンスコイを交配させたロシア原産の優雅なネコ。まったく毛がない状態で生まれることもあれば、とても細いアンダーコート（下毛）、あるいは密生した硬い毛で覆われていることもある。ただ、体毛があってもやがて抜け落ちてしまう

無毛のピーターボールド。他の無毛種と同じように、ピーターボールドも肌が敏感なため、冷たい空気や直射日光を避けて飼う必要がある

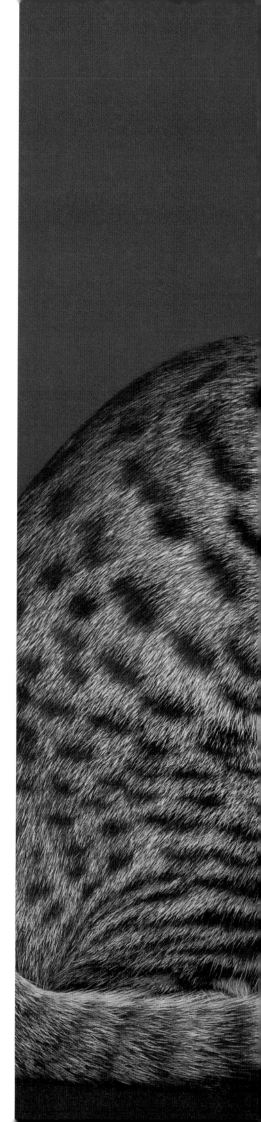

外見は野生ネコ、中身はイヌ

オシキャット
英名: Ocicat

オシキャットはオセロットの赤ちゃんのような姿が特徴の斑点模様のネコ。シャム、アビシニアン、アメリカン・ショートヘアの交配種だ。しつけしやすいので、「ネコの姿をしたイヌ」と言われることもある

白い斑点の遺伝子を
持つバイカラー

オリエンタル・バイカラー
英名： Oriental bicolour

マズルと腹部と足が白く細身で短毛のオリエンタル・バ
イカラーは、アメリカで誕生した。毛色や模様はさまざま
だが、胴体の3分の1が白いことがこの品種の条件だ。一
般的にグリーンの目をした単色のオリエンタルとは違い、
アーモンド形の目の色にはグリーンやブルーがあり、その
色が左右で異なる場合もある

サバンナ

英名： Savannah

サバンナは耳が大きく、足が長く、斑点模様が特徴。ジャンプの達人として知られるアフリカ原産の野生ネコ、サーバルに似ている。それもそのはず、サバンナはサーバルとシャムの混血である

カナーニ

英名： Kanaani

カナーニは長くスレンダーな胴体と先端に飾り毛のついた大きな耳を持つ斑点模様が特徴。短毛のネコとアフリカ原産の小型野生ネコの交配種だ。2000 年代にイスラエルで誕生し、聖書に登場する「カナン」にちなんで名づけられた

ロシアン・ホワイト

英名： Russian white

品種名が示すように、真っ白な被毛に覆われている。1971
年にオーストラリアで実施された繁殖プログラムで、シベ
リアの短毛ネコとロシアン・ブルーを交配させて誕生した

ロシアン・タビー

英名： Russian tabby

1971年にロシアン・ホワイトの繁殖を試みた際に、白、黒、
タビー（縞模様）の子ネコが誕生した。このロシアン・タビー
もオーストラリア原産で、その被毛の縞模様にちなんで名
づけられた

アメリカ生まれの小さな妖精

ピクシーボブ

英名： Pixiebob

北米に生息するボブキャットを彷彿とさせる大柄なイエネコ。密生したブラウン・スポッテッド・タビー※の被毛に覆われ、耳の先端には飾り毛があり、尾は短く丸い。指が多い多指症だが、このブリードスタンダード(猫種標準)でのみ認められている

※褐色の斑点模様

スコットランドの農場から
生まれた折れ耳

スコティッシュ・フォールド
英名： Scittish ford

折れ耳のこの品種は、1960年代にスコットランドの農場
で初めて発見されたことから、その名がついた。生まれた
ときはどの子ネコの耳も真っすぐだが、3週間ほどで耳が
折れ始める。折れ耳にならないネコは「スコティッシュ・ス
トレート」と呼ばれる

スコットランドの農場から
生まれた折れ耳

スコティッシュ・フォールド
英名： Scittish ford

折れ耳のこの品種は、1960年代にスコットランドの農場
で初めて発見されたことから、その名がついた。生まれた
ときはどの子ネコの耳も真っすぐだが、3週間ほどで耳が
折れ始める。折れ耳にならないネコは「スコティッシュ・ス
トレート」と呼ばれる

エメラルドグリーンの瞳
天鵞絨のようなシルバーブルーの体

ロシアン・ブルー
英名： Russian blue

グリーンの目がひときわ魅力的なロシアン・ブルー。光沢
がある厚い被毛は陰影のあるシルバーブルーだ。その起
源はロシアの港町アルハンゲリスクと言われており、1860
年代に船乗りによって北欧に連れてこられた

ロシアン・ブルーはシルバーブルーの単色のみ。1本の毛の中に濃淡があり、動きと光によって異なる毛色を見せる

新しい品種となるか……
フランス生まれの小さなネコ

セラデ・プチ
英名：Serrade petit

近年新たにフランスで発見されたこのネコは、「プチ」の
名の通り小柄だが、鳴き声は大きく、人間と遊ぶのが大好
きだ。大きい個体でも4キログラムにしかならないという。
まだいずれの血統登録機関からも公認を受けていない

セレンゲティ

英名： Serengeti

アフリカに生息する野生のサーバルを模して誕生したエキゾチックな斑点模様のセレンゲティは、非常に大きな耳、長い足、長い首が際立つ。1990年代中頃にベンガルとオリエンタル・ショートヘアの交配で誕生したセレンゲティは野性味があり、高い場所に登るのも大好きだ

セイシェルワ

英名： Seychellois

品種名は東アフリカ沖に浮かぶセーシェル諸島で見つかったネコに由来する。非常によく鳴くこの希少な品種は1980年代にイギリスで誕生した。すべての血統登録機関に公認されているわけではないが、外見は同じ系統のシャム、三毛のペルシャ、オリエンタルの特徴を受け継いでいる

シャム（モダンスタイル）

英名： Modern Siamese

モダンスタイルのシャムは、タイ（旧国名シャム）の土着ネコの末裔である。今はタイやウィチエン・マートと呼ばれる原種のシャムがアメリカやヨーロッパで人気を博した際に、その特徴を徹底的に追究して誕生した。非常にスリムで、骨張った容姿が特徴だ

タイ・ブルー・ポイント

英名： Thai blue point

タイ・ブルー・ポイントは、タイ原産のコラット（p68）の1種である。しかし、育猫管理評議会（GCCF）は、別品種として公認している。被毛はブルーではなく、シャムにみられるようなカラーポイントだ

シャムの血を引く
白い靴下を履いたネコ

スノーシュー

英名：Snowshoe

特徴的な白い足先にちなんで名づけられ
たスノーシューの起源は、1960年代にア
メリカのフィラデルフィアで生まれた子ネ
コに始まる。シャムとアメリカン・ショー
トヘアの交配で誕生した

巻き毛は突然変異から

セルカーク・レックス
英名: Selkirk rex

他の巻き毛の品種とは違い、ふさふさとして柔らかい巻き毛や縮れ毛で覆われている。巻き毛は一般に首まわりや腹部に多く現れ、カールしたひげは抜け落ちやすい。セルカーク山脈にちなんで名づけられ、1987年のアメリカ・モンタナ州で誕生した

世界最小の純血種

シンガプーラ
英名： Singapura

ティッキングの入った体毛に大きな目と耳
が特徴的ないたずら好きなシンガプーラ
は、公認猫種の中で最小と言われ、平均
体重はわずか2～4キログラムしかない。
シンガプーラの起源は1970年代のシン
ガポールで、その名の由来になっている

スフィンクス
英名： Sphynx

スフィンクスは完全に無毛のように見える
が、実はシワの寄った胴体は細い産毛で
覆われている。ただし、ひげはない。カナ
ダを起源とし、「カナディアン・スフィン
クス」とも呼ばれる

エジプト神話に登場する動物の彫像
にその名が由来するスフィンクス

アフリカン・ショートヘアと
呼ばれたケニアのネコ

ソコケ
英名：**Sokoke**

ソコケは、かつては「アフリカン・ショートヘア」と呼ばれた希少種。ティッキングの入った被毛と長い足が特徴だ。ケニアのアラブコ・ソコケ・フォレスト国定保護区を起源とする。「ソコケ・フォレスト・キャット」とも言われ、現地で「カゾンゾ」※と呼ばれる土着ネコから誕生した。

※樹皮のように見えるの意

アユタヤ朝時代から
愛されたタイのネコ

スパラック
英名： Suphalak

セーブル（濃い褐色）のバーミーズと混同されやすいが、ス
パラックはタイ原種のネコ。金色の目を持ち、赤銅色の被
毛で全身が覆われている。ひげも茶色で、鼻はロージーブ
ラウン※。スパラックは、アユタヤ朝（1351 ～ 1767 年）時
代に著されたと言われている書物『*The Cat Book Poems*
（猫の詩）』の中に、コラットやウィチエン・マートと共に
登場する

※バラの色と茶色の中間色

滑らかなミンクのような
毛を纏う

トンキニーズ
英名：Tonkinese

人懐っこくいたずら好きなトンキニーズ
は、バーミーズとシャムの交配種。その名
は、ベトナム北部を指すトンキンにちなん
でいると思われることが多いが、実はこの
地域とは何の関係もないのだ

ユークレイニアン・レフコイ

英名：Ukrainian levkoy

前に折れ曲がった耳を持ち、無毛に近い。折れ耳が特徴のスコティッシュ・フォールドと無毛のドンスコイを交配させてウクライナで誕生した。その後、オリエンタル・ショートヘアとイエネコとも交配。ユークレイニアン・レフコイを品種として公認しているのは、ウクライナとロシアの血統登録機関だけである

ウィチエン・マート

英名：Wichien maat

ウィチエン・マートは、別名「タイ」といい、シャム（現在のタイ）のネコの末裔である。優雅な風貌に、丸みのある顔と厚みのあるボディーを持つ原種のシャム。以前は、「オールドスタイル」「トラディショナル」「クラシック」の名で区別されていた。タイで呼んでいるウィチエン・マートという名は、「月のダイヤモンド」という意味

縞模様の体が
まるで「おもちゃのトラ」

トイガー
英名：Toyger

トイガーは、1990 年代にトラの保護に対
する意識向上を目的に「おもちゃ（トイ）の
ようなトラ」として作り出された。縞模様
のある短毛のネコとベンガルを交配させ
てトラのような縞模様をつくり出した。ト
ラに似た体毛だけでなく、その歩き方も
野生ネコのように優雅で堂々としている

長毛種のイエネコ

　長毛種のネコは柔らかく豪華な毛並みが美しい。毛の長さが12センチメートルにもなる長毛種のイエネコは突然変異で誕生したと考えられている。ふわふわした毛で覆われたネコが初めて登場したのは人里離れた寒冷地で、厳しい環境に適応するためだったのだろう。

　長毛種のネコは、16世紀の終わり頃に、小アジア(西アジア西端のアナトリア半島)、ペルシャ(現イラン)、ロシアからイギリスやフランスにやってきた。例えば、優雅な容姿のターキッシュ・アンゴラは長毛種の祖先とされている。見た目は現在とは異なるものの、高い人気を誇っていた。だが、19世紀にはいるとペルシャ(ネコ)に人気を奪われてしまった。ペルシャは今も人気のある品種の一つだが、最近ではアンダーコートが少ない中毛種(セミロング)が人気だ。長毛種も短毛種のネコと同じように、祖先が分からない雑種が多いが、多くはペルシャの特徴を受け継いでいる。また、変わった耳の形や巻き毛の被毛といった珍しい長毛種もいるが、これはそうした特徴を持つ短毛種と長毛種を交配した結果だ。

　豪華な被毛に覆われた長毛種のネコは、短毛種よりも飼い主が丁寧に手入れする必要がある。被毛が絡まって毛玉ができないように、毎日のブラッシングが欠かせないネコもいる。長毛種は一般に短毛種よりも毛が抜けやすく、暖かい季節には特に抜け毛が多くなる。ソファーやカーペットに抜け毛がつくことは覚悟しなければならないし、外に出れば落ち葉や小枝、時にナメクジまで毛につけてしまうから厄介だ。

北米原産の巨大長毛の1種メイン・クーンは、長毛種の
代表的な品種である。「*Gentle Giant*(穏やかな巨人)」
の愛称で知られる

北米の厳しい寒さの中を生き抜いた
たくましい体

メイン・クーンの最大の特徴は大きな体と耳にある飾り毛。
鼻筋は柔らかい曲線を描いている

メイン・クーンの名は、出生地のニューイングランド地方
のメイン州に由来する。なぜメイン州に辿り着いたのかは
未だ謎のままだが、ノルウェージャン・フォレスト・キャッ
トやサイベリアンと深く関係しているとみられている

メイン・クーン
英名： Maine coon

厚みがあり撥水効果の高い被毛、ふさふさ
した尾、そして先端に飾り毛のついた耳を
持っており、冬の厳しさをものともしない

土着の猫が突然変異により
耳のカールしたネコに

アメリカン・カール
英名： American curl

カリフォルニア原産の希少種。その起源
は、黒い被毛と独特のカールした耳を持っ
た長毛の迷い猫だ。その名が示すように、
アメリカン・カールの耳は突然変異によっ
てほぼ直角に後ろ向きに折れ曲がってい
る。愛情深く機敏なアメリカン・カールは、
家族の素晴らしい一員になる

絹のような手触りの毛に
先のとがった大きな耳

オリエンタル・ロングヘア
英名： Oriental longhair

かつて「ブリティッシュ・アンゴラ」と言
われていたオリエンタル・ロングヘアは、
ターキッシュ・アンゴラとの混同を避ける
ために 2002 年に改称された。長く絹の
ような手触りの毛を持つ。英国ビクトリア
朝時代に非常に人気の高かったアンゴラ・
キャットを再び繁殖させる取り組みの中
で 1970 年代にイギリスで誕生した

バーマン

英名： Birman

別名「ビルマ（現ミャンマー）の聖なる猫」とも言われる。ポイントカラーが特徴のバーマンは、フランス語で「ビルマ」を意味する「Birmanie（ビルマニー）」にちなんで名づけられた。長く絹のような手触りの毛皮、サファイアブルーの目、鼻梁の高いローマンノーズ、白い足先も特徴

バーマンの子ネコ。他のポイントカラーの品種と同じように、バーマンも生まれたときは全身が白く、1～2週間ほどで次第にカラーポイントが浮かび始め、2歳になる頃に定着する。カラーポイントは気温の影響を受けるため、寒冷な地域では温暖な地域よりも濃い色になる

サファイアブルーの瞳を持つ
シャムの長毛種

バリニーズ

英名： Balinese

シルキーな被毛と見事なサファイアブ
ルーの目を持つシャムの長毛種。性格は
非常に人懐こく、好奇心旺盛でいたずら
好き。その名を優美なバリ島伝統のダン
サーに由来するバリニーズは、1950年代
に品種として確立された

キムリック

英名： Cymric

「ロングヘア・マンクス」とも言われる。愛情深くて賢い、尾のないマンクスの長毛種。マンクスは英国マン島原産だが、キムリックはそれより後にカナダで誕生した。品種名は、ウェールズ語で「ウェールズ」を意味する「キムルー」に由来する

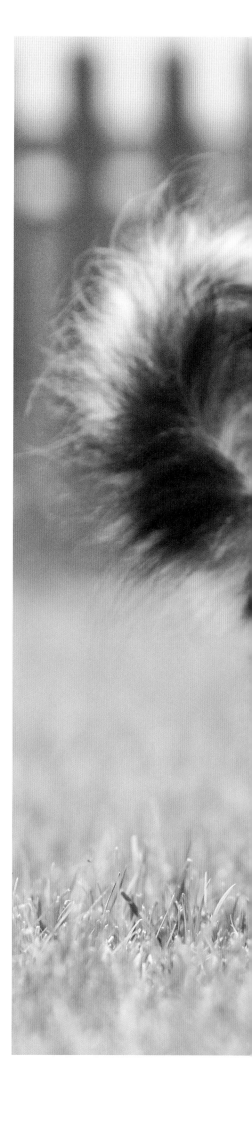

キムリックはマンクスと同じように尻尾に特徴があり、その長さによって区別される。まったく尾がない場合は「ランピー」、ごく短い場合は「ランピーライザー」、カーブしていたりねじ曲がったりしている場合は「スタンピー」、普通のネコと同じくらいの長さの場合は「ロンギー」という

短毛種から派生して生まれた
長毛のネコ種

ブリティッシュ・ロングヘア
英名：British longhair

その名が示すように、イギリス原産の長毛のネコであり、
被毛が長いことを除けば、特徴はブリティッシュ・ショー
トヘアと同じ。実のところ血統登録機関によっては、ロン
グヘアを独立した品種とみなしていない。ブリティッシュ・
ロングヘアはヨーロッパの一部地域では「ブリタニカ」、ア
メリカでは「ローランダー」とも呼ばれている

ふさふさの顔まわり
堂々たる風格

ハイランダー
英名： Highlander

タビーの長い体毛だけを見ると野生のボブキャットを思わせる。ハイランダーの長毛種は、カールした耳と短く丸まった尾を持ち、顔の特徴としては、傾斜した額、先の丸いマズル、ウィスカーパッド（ひげ袋）から伸びる長いひげなどがある

クリリアン・ボブテイル
英名： Kurilian bobtail

その名の通り尾が短く、北太平洋上の千島列島（英名クリルアイランド）を原産とする。非常に珍しく、その尾は一つとして同じものはない。尾椎の数は 2 〜 10 個で、どのようにもカールする

ヒマラヤン

英名： Himalayan

別名「ヒマラヤン・ペルシャ」や「カラー
ポイント・ペルシャ」とも言われる、大き
なブルーの目が特徴のこのネコは、シャム
と長毛のペルシャを交配して誕生した。ヒ
マラヤンの胴体は丸みのあるコビータイ
プで、被毛はふさふさと長く、足は短い

ヒマラヤンの顔は鼻が低い（つぶれた）エ
クストリームと、つぶれていない古くから
存在するトラディショナルタイプがある

ヒマラヤン

英名： Himalayan

シャンティリー・ティファニー
英名: Chantilly-Tiffany

「フォーリン・ロングヘア」や「シャンティ
リー」とも呼ばれる。チョコレートブラウ
ンの被毛が魅力的なこの品種は、1960
年代終盤にアメリカ・ニューヨークで誕
生した。バーミーズを想起させるため、間
違われたこともあった。

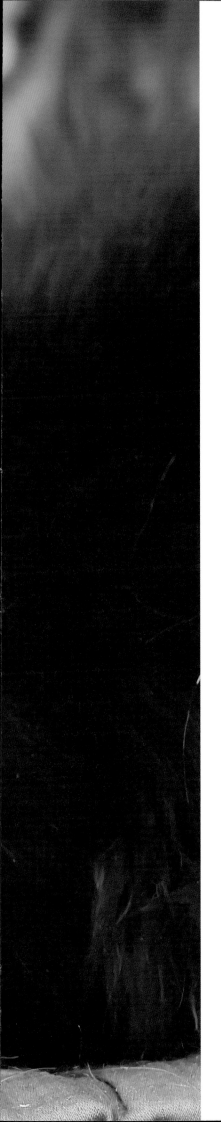

アメリカとイギリスで生まれた
2種のティファニー

ティファニーは「エイジアン・セミロングヘア」とも言われる。1980年代にエイジアン・ショートヘアの長毛種としてイギリスで誕生した。実はティファニーの誕生は、エイジアンの亜種のバーミラを繁殖させる実験プログラムにおける偶然の賜物だった

シャンティリー・ティファニーの被毛の色
は、ブラックを含め数多くあり、タビーの
パターンも複数ある

ティファニー

英名：Tiffanie

アメリカ原産のシャンティリー・ティファニーと混同されやすいティ
ファニーは「エイジアン・セミロングヘア」とも言われる。1980年代
にエイジアン・ショートヘアの長毛種としてイギリスで誕生した。実は
ティファニーの誕生は、エイジアンの亜種のバーミラを繁殖させる実
験プログラムにおける偶然の賜物だった

115

キプロス島で暮らす
土着のネコ

キプロス島に棲むネコは、何百年もの間、ほぼ自然に繁殖してきた。そのため、独自の特徴を持つ土着ネコの品種として発達し、「アフロディーテ・ジャイアント」の名で標準化が確立される途上にある

短い足をものともせず
好奇心旺盛に動き回る

マンチカン
英名： Munchkin

マンチカンは色・柄も多種多様で短毛・長毛もいる。性格は人懐こく、明るく活発で、おもちゃで遊ぶのが大好き。突然変異で足が短いため、あまり高くは跳べないが、木を登ったり走ったりするのは得意だ

ペルシャとマンチカンの
ハイブリット種

ミヌエット
英名： Minuet

改称前は「ナポレオン」と呼ばれていた。
短足が特徴のミヌエットは、ふわふわの
毛並みのペルシャと短足種のマンチカン
の交配で誕生した。両方の血統を受け継
いたミヌエットは穏やかな性格と活発な
性格を持ち合わせ、飼い主のそばにいる
のが大好き

輝くような美しい
シルバーブルーの長毛種

ネベロング
英名：Nebelung

長毛の「ロシアン・ブルー」としても知ら
れる希少種。毛先がシルバーになった柔
らかなブルーの被毛に覆われている。ア
メリカ・コロラド州で誕生した。輝くよう
に美しい長毛を持つためドイツ語で「かす
み」や「霧」を意味する「nebel（ネベル）」
に由来した名前がつけられたと言われる。
膝の上に座るのが大好きで、飼い主の愛
情を求めてお腹を見せることも多い愛ら
しいネコだ

極寒の北欧で生まれた
長毛種の代名詞

大型で筋骨たくましいノルウェージャン・フォレスト・キャッ
トは、ノルウェー語で「スゴクカット（森のネコ）」と呼ばれ、
木登りと狩りを得意とする

被毛はゴージャスで、長毛のダブルコート。ノルウェーが国
のネコ種として公式に認定している

ノルウェージャン・フォレスト・キャット
英名： Norwegian forest cat

ノルウェーとスウェーデンで特に人気の
高い自然発生タイプのネコ種。水をはじき
やすい長くて分厚い被毛を持ち、北欧の
極寒の冬に適応している。バイキングがネ
ズミ捕り用として船に乗せてきたネコが
その祖であると考えられている。

青い瞳にポイントカラーの
サイベリアン

ネヴァ・マスカレード
英名： Neva masquerade

ポイントカラーのサイベリアン・フォレス
ト・キャット（p138）。堂々とした風采のこ
のネコは分厚い長毛に覆われている。ロシ
アのサンクトペテルブルクを流れるネヴァ
川にちなんで名づけられた希少なネコ種
だ。サイベリアンの別種と認めていない血
統登録機関もある

最も古い品種の一つと言われる
穏やかなネコ

ペルシャ
英名：Persian

大きくて丸い目、平らなマズル、長く分厚
い被毛を特徴とするペルシャ（現イラン）
発祥のモダンタイプの品種は、19世紀か
ら高い人気を誇っている。穏やかで愛情
豊かな性格で知られ、毛色や模様は千差
万別だ。モダンタイプよりも鼻筋が通った
伝統的な容姿のトラディショナルタイプ
は、シャムと同じように種の保存の取り組
みが行われている

スコティッシュ・フォールド
英名：Scottish fold

フクロウを彷彿とさせる顔つきで小さな折れ耳を持つ長
毛のスコティッシュ・フォールド。「ハイランド・フォールド」
「スコティッシュ・フォールド・ロングヘア」「ロングヘア・
フォールド」「クーパー」など、いくつもの呼び名がある

色・柄も毛の長さも多様なスコティッシュ・フォールド。飼
い主によく懐き、仰向けでいびきをかいて眠ったり、後ろ足
を前方に投げ出して前足はお腹に乗せて座ったり（いわゆ
るスコ座り）する

分厚くシルキーな
被毛が美しい

ラガマフィン
英名： Ragamuffin

大型種であるラガマフィンは、ラグドール
の亜種とされていたが、1994 年に別種と
して公認された（公認していない団体もあ
る）。分厚くシルキーでウサギのような被
毛と、人懐こく従順な性格を特徴とする。
生まれたときは真っ白だが、成長するにつ
れて色が現れてくる

ペルシャとの交配によって
巻き毛が目立つ長毛が誕生

セルカーク・レックス
英名: Selkirk rex

セルカーク山脈にちなんで名づけられた愛らしい巻き毛の品種。構っ
てもらうのが大好きなセルカーク・レックスは短毛と長毛が存在す
るが、アメリカ・モンタナ州の動物保護施設にいたところを発見され、
その後ペルシャとの交配によって、この緩やかで長い巻き毛になった

ふさふさのまさに動くぬいぐるみ

ラグドール

英名： Ragdoll

美しく素直で膝の上でゴロゴロするのが大好きなネコ。特に大きい品種の一つで、大きく丸いブルーの目、柔らかく豊かな被毛、ふさふさとした長い尾を持つ

ラグドールの名は、母ネコから最初に生まれてきた子ネコを抱き上げたとき、まるでぬいぐるみ（英語でラグドール）のように、だらりとしていたことからつけられたと言われている

トルコ東部に
古代から存在したとされる
希少種

ターキッシュ・バン
英名：Turkish Van

名前の由来はトルコ東部にあるバン湖。ま
るでカシミヤのように柔らかい被毛に覆
われた大型ネコで、トルコ東部からイギリ
スに持ち込まれ、1950年代にイギリスで
育種された。真っ白な被毛に頭と尻尾だ
け色が入る特徴的な配色は「バンパター
ン」と言われる。全身が真っ白な場合は
ターキッシュ・バン・ケディシと呼ばれる

厳しい寒さをものともしない
ふさふさの被毛

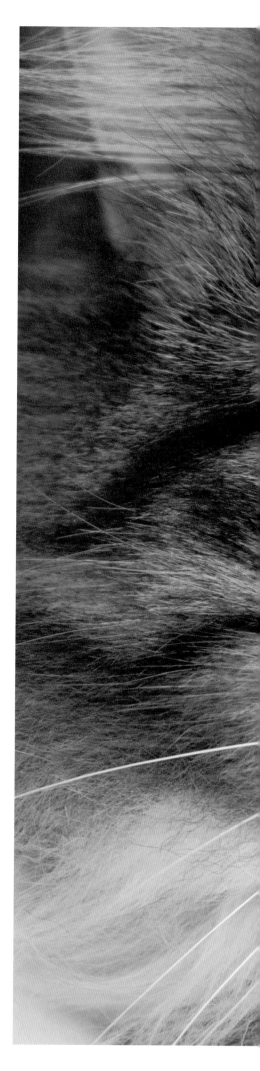

サイベリアン・フォレスト・キャット

英名： Siberian forest cat

単に「サイベリアン」とも呼ばれるこの
品種は、被毛は厚く撥水性があり、尾は
ふさふさで、肉球まわりには長い毛（タフ
ト）が生えている。ロシアが公式に認定し
ている国のネコ種だ。サイベリアンも、ノ
ルウェージャン・フォレスト・キャットと
同じように筋肉が発達していてたくましく、
厳しい気候に適応している。そればかりか
驚くほど俊敏なジャンプの達人だ

サイベリアンは体だけでなく、頭部
も大きく、広く丸い額に卵形の頬、
アーモンド形の目が特徴

アビシニアンの
長毛種として誕生

ソマリ

英名：Somali

ふさふさの長い尾を持つソマリは短毛の
アビシニアンの末裔。アビシニアンの中か
ら時折、長毛の子ネコが誕生した。当初は
ブリーダーに受け入れられなかったが、そ
のネコに魅力を見いだしたブリーダーに
よってソマリの誕生につながった。柔らか
く細い被毛にはティッキングが入り、1本1
本の毛の色は4〜20色にも及ぶという

ヨーク・チョコレート

英名：York chocolate

名は原種となったネコ ——1983 年に
ニューヨークで誕生した濃いチョコレート
色のネコ——にちなんでつけられた。「ヨー
ク」とも呼ばれるヨーク・チョコレートは、
抱っこされるのが大好きで、家族の素晴ら
しい一員になれるコンパニオンアニマル
だ。毛色は単色ではチョコレートかラベン
ダーのいずれか、バイカラーの場合はチョ
コレートとホワイト、ラベンダーとホワイ
トの組み合わせがある

雑種

特定の品種に属さない雑種（モギー）の中にも、長毛はいるがいずれも、混血か祖先が不明なネコだ。混血ネコは品種として公認されていないのだが、それでも魅力的なことに変わりはない

世界では「ドメスティックキャット」「ハウスキャット」「モギー」など、さまざまに呼ばれる雑種

長毛の中でもひときわ美しい希少なターキッシュ・アンゴラは、柔らかで艶のある被毛、ふさふさとした尾、先端に長い飾り毛のある耳、美しく整った体型を特徴とする。ヨーロッパで最初に誕生した長毛種の一つ

標準化される途中にあるキプロス島の猫

アフロディーテ・ジャイアント
英名：Aphrodite giant

「アフロディーテ」とも呼ばれる短毛も長毛も存在する大型ネコで、キプロス島のネコから標準化された品種として確立される途上にある。このネコに関する最古の記録は4世紀まで遡り、そこには聖ヘレナがエジプトやパレスチナのネコを船2隻分、ヘビが住み着いているキプロス島の修道院に贈ったと記されている

ふさふさで雪のように
真っ白な被毛が代名詞

ターキッシュ・アンゴラ
英名： Turkish Angora

ターキッシュ・アンゴラは名前のとおり、
トルコのアンカラ周辺に起源を持ち、残っ
ている記録は 16 世紀頃まで遡るという。
ペルシャを作出するために使われたが、
品種としては 1960 年代までトルコ以外で
は絶滅していた。艶のある真っ白な被毛と
ふさふさした尾で知られるが、実のところ、
毛色も形状も模様も多種多様だ

ターキッシュ・アンゴラは名前のとおり、
トルコのアンカラ周辺に起源を持ち、残っている記録は 16 世紀頃まで遡るという。艶のある真っ白な被毛

イエネコの習性

野生のDNAを残しながら人と暮らす

　イエネコ（ネコ）の習性は野生の祖先によく似ていて、生まれ持った捕食者としての能力をさまざまな場面で見せる。基本的に昼夜を問わず活動的だが、夜間の方が多少活発で、骨格や感覚器官が発達し、薄暗い中でも狩りができる。ネコは1日のほとんどを寝て過ごすが、これは獲物にこっそり忍び寄って襲いかかれるように体力を温存しているからだ。毛づくろいにも時間をかけるが、突如激しく動きだし、狩りや闘争行動の再現もする。

　ネコは生来、単独で狩りをする動物だが、飼いネコの場合、特に子ネコのときから一緒にいると、同居の家族やネコだけでなく、イヌなどの動物とも強い絆を築く。そして相手や飼い主を舐めたり、頬ずりしたりして愛情を示すようになる。頬、肉球、わき腹には臭腺があるので、そこをこすりつけて自分の匂いを残す。また、おしっこやうんちで自分の縄張りを示したり、発情期には他のネコにアピールしたりもする。

　恐怖を感じるとネコは、自分の縄張りを守るために争う。喉をゴロゴロ鳴らす、ニャーと鳴く、クルルと鳴く、シャーと威嚇する、ウーと唸るといったさまざまな鳴き声はネコのコミュニケーションツールだが、耳、尻尾、ひげ、目の動きなどのボディーランゲージも使う。

睡眠

ネコは1日のほとんどを寝て過ごす。平均15時間とも言われるが、子ネコや高齢のネコであれば、その時間はさらに長くなる。ネコの眠りは、英語で「キャットナップ」と言われるうたた寝だ。そのうたた寝のおかげで、素早く動き出したり、獲物を捕まえたりできる

暗闇での視覚

暗闇でのネコの視覚は人間の 6 ～ 8 倍も優れている。その理由は、網膜上に光に反応する桿体細胞が数億個も存在し、網膜の後ろには「タペータム」という鏡のような層があるからだ。タペータムは目に入ってきた光を反射する。だからネコの目は暗闇で光るのだ

瞳孔の形

ネコの目を近くで見てみると、瞳孔が縦に長いことが分かる。そのため怖くも見えるが、こうして目に入ってくる光の量を調節するので明るい陽射し中でも物が見える。逆に光の量が少ないときには、光をたくさん取り入れるために瞳孔は大きくなる。その大きさは人間の 3 倍以上と言われ、ほぼ眼球全体を覆う

動くものに敏感に反応する不思議な目

ネコの視力

ネコは薄暗がりの中——活動的になると言われている時間帯——でも物が見えるように適応しているが、実は色も少し識別できる。ただ、青と黄色は区別できるが、赤と緑はどちらも灰色っぽく見えると言われている。ネコの視力は人間ほど良くないので、相手の動きを感知して反応する

「触毛」とも呼ばれる
センサーの役割を担う
ひげ

ひげ

ネコのひげのうち一番目立つのは、鼻の両脇から生えているひげだ。毛根の周囲には知覚神経が通っているので、とても感度が高い。このひげのおかげで暗闇でも動き回れるし、間近で物が見える。ひげが何かに触れたり、空気の流れや振動を感知したりすると、物体の位置が分かるのだ。ひげは皮下に深く埋まっており、太さは体毛の優に2倍はある

触覚

鼻の両脇から生えている長いひげ以外にも、頬や目の上、前足の裏にもひげが生えている。ネコは触覚や空気の流れによって周囲を立体的にイメージして動き回れる。物体や障害物を感知し、隙間の幅を判断するだけでなく、物体同士の距離も測れる

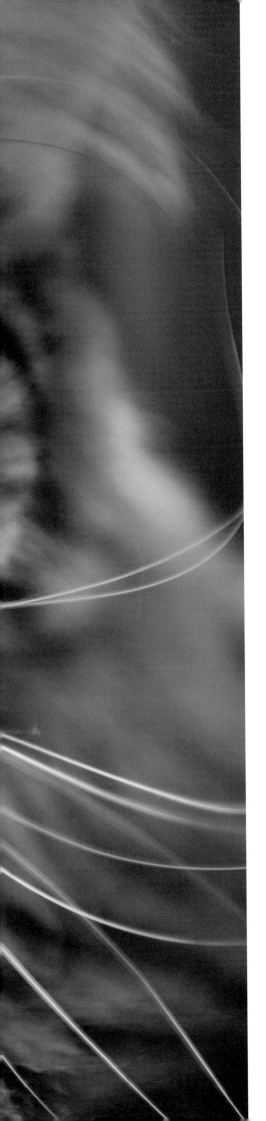

狩りとひげ

自慢のひげを見せつける、狩りが得意な若いメイン・クーン。狩りのとき、ネコはひげのおかげで獲物の正確な位置、形状、大きさを感知できる。特に、口に近すぎて獲物が見えないときに活躍する

鋭い感覚

大きな目と耳を持ち、たくさんのひげがあるネコは、特に明け方や夕暮れにハンターとしての能力を存分に発揮できるように適応している。薄暗がりの中でも動きを感知できるだけでなく、優れた嗅覚や聴覚、そして長いひげを使って自由に動き回れる

音を集めるために発達したネコの耳

聴覚

ネコは人間には聞き取れない、ネズミの「チューチュー」という鳴き声のような甲高い音が聞こえる。大きな耳の耳介という外に出ている部分を動かせるので、音を増幅させたり、発生場所を突き止めたりできるのだ。耳の内側に細い毛が生えており、これによってかすかな音も聞き取れると考えられている

飾り毛（タフト）

耳の先端に長い飾り毛のあるネコもいる。飾り毛がある理由については分かっていないが、ひげのような機能を備え、頭上の物体を感知したり、聴覚の精度を高めたりする役割を果たしている可能性もある。このメイン・クーンには耳の先端の飾り毛と耳の中の長毛の両方がある

157

かわいいだけではない
すべてに役割がある

嗅覚
ネコの嗅覚は人間の14倍鋭いと言われている。ネコは嗅覚を使って人間や物体、他のネコや動物を認識し、獲物を追跡する。

獲物を捕まえるときだけでなく、匂いを使って求愛したり、自分の縄張りにマーキングして他のネコを近づけないようにしたりと、嗅覚が重要な役割を果たしている

肉球

肉球はクッションのように柔らかく、飛び越えるときや高いところから下りるときに着地の衝撃を和らげる。ほかにも、でこぼこの地面を歩くときや、音を立てずに近づいて狩りをするときにも役立つ

唾液

ネコは始めに口まわりや前足を舐めてから体全体をきれいにする。唾液には天然の洗剤のような物質が含まれているため、匂いを消し、被毛を清潔に保てる

自在に
出し入れできる爪

爪

ネコは普段、鉤形に湾曲した爪を隠して
いるため、先端を鋭利に保てる。爪を使
う必要が生じたとき、例えば高いところ
に登る、狩りをする、喧嘩する、引っか
いて匂いをつける、という場合には、前
足の腱が引っ張られて爪が飛び出す

舌がザラザラしているのには
理由がある

舌

ネコの舌を近くで観察すると、「糸状乳頭」とい
う小さな鉤状の突起が見える。これは人間の爪と
同じようにケラチンというたんぱく質でできている。
糸状乳頭が櫛のような働きをして、大量の唾液を被
毛だけでなく皮膚にまで送り届けて体を清潔に保
つ。また、毛のほつれを解くのにも役立つ

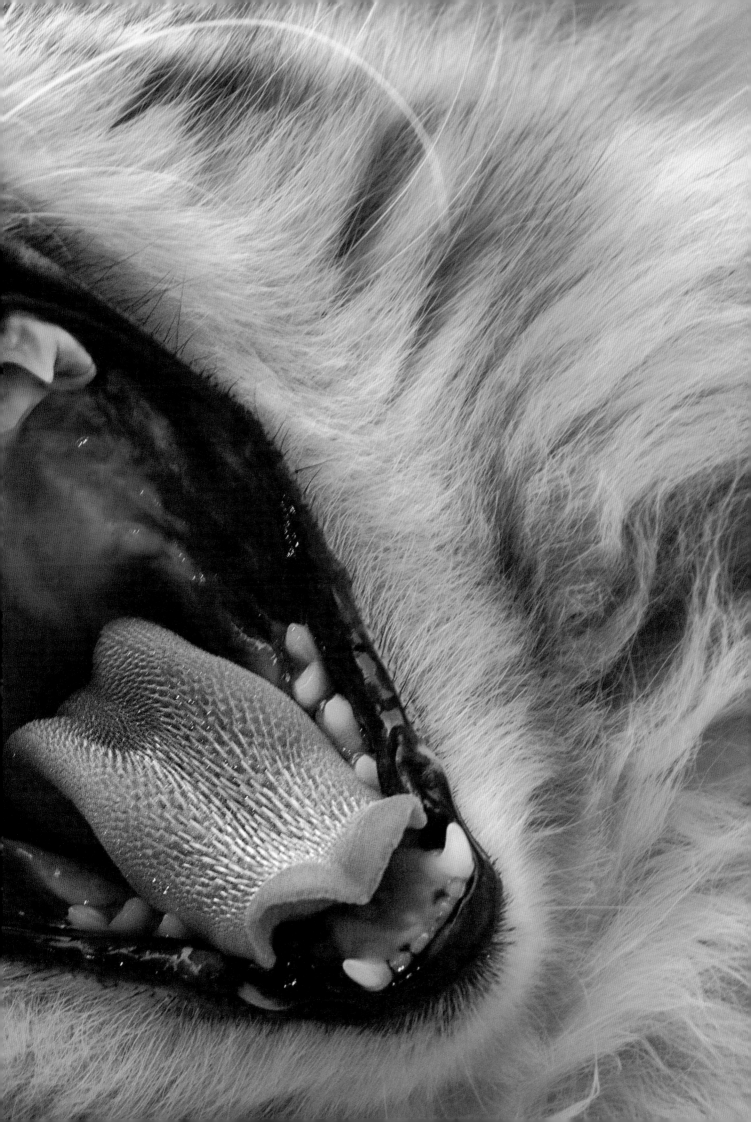

起きている時間の
大半を費やす毛づくろい

他のネコへの毛づくろい

ネコは社会的な絆があると、互いに毛づ
くろいする。この行動は「社会的毛づくろ
い」と言われ、愛情や絆が形成されてい
る証である。ネコがこの行為を母ネコか
ら学ぶのは、母性本能と何らかの関係が
あるのかもしれない

毛づくろい

ネコは起きている時間のうち、最大で半
分を毛づくろいに費やす。毛づくろいに
よって体を清潔にし、被毛を滑らかに保つ
のだ。必ず前足から舐め始め、きれいに
なった前足を使って顔をぬぐい、それから
体全体をきれいにする

きれい好き
部屋の中でもお腹を舐めて被毛を清潔に保つ、真っ白でふさふさな長毛のネコ。被毛を舐めたり、引っ張ったり、噛んだりして、剥がれ落ちた皮膚や毛、ごみ、虫を取り除き、毛のほつれを解く

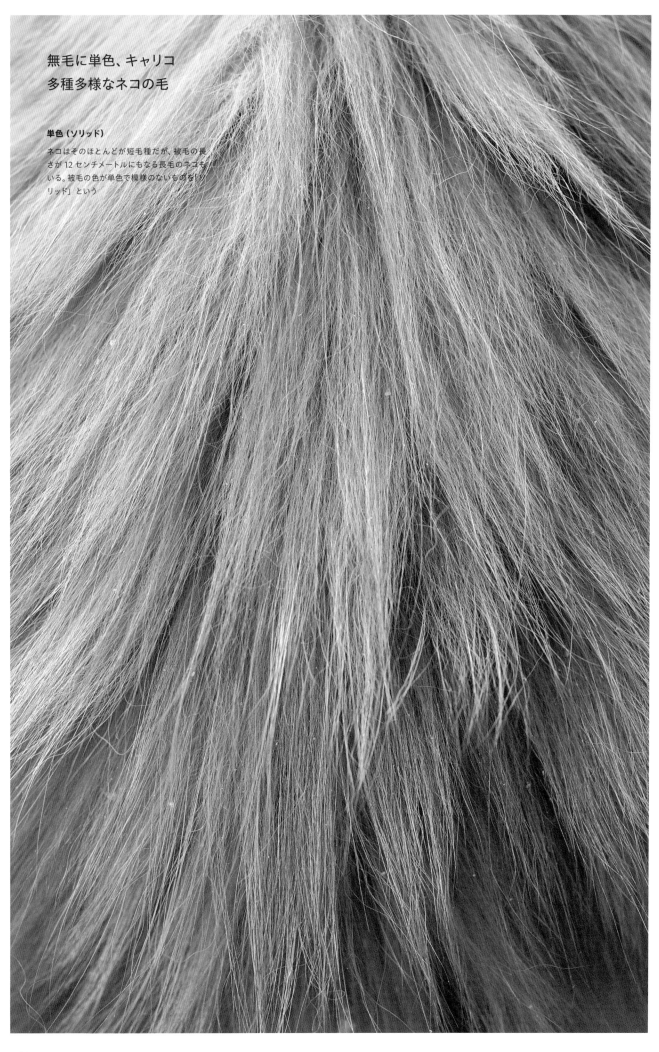

無毛に単色、キャリコ
多種多様なネコの毛

単色（ソリッド）

ネコはそのほとんどが短毛種だが、被毛の長
さが12センチメートルにもなる長毛のネコも
いる。被毛の色が単色で模様のないものを「ソ
リッド」という

無毛に単色、キャリコ
多種多様なネコの毛

むき出しの皮膚

スフィンクスやドンスコイのような無毛の
ネコでもまったく毛がないわけではない。
実際はうっすらと柔らかい産毛に覆われ
ている。無毛のネコは皮膚がすぐに脂っぽ
くなってしまうので、定期的な入浴が必要
だ

タビー

縞や渦巻き模様の被毛を「タビー」とい
う。このほかにスポットやブロッチ（雲型
模様）、つむじ形もある

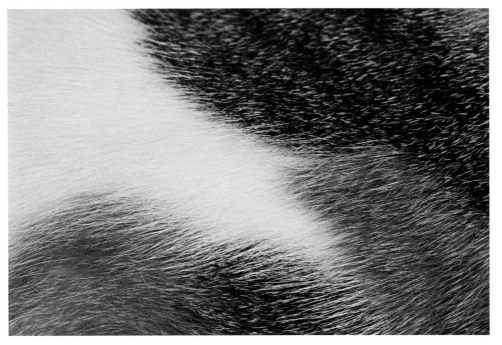

キャリコ（三毛）

被毛の色がオレンジ、黒、白のような複数
の場合、この柄を「キャリコ（三毛）」とい
う。この3色が一般的な組み合わせだが、
クリーム、赤、チョコレートブラウンか青
みがかった黒といった組み合わせのネコ
もいる

バランス感覚、ジャンプ力……
驚くべきネコの運動神経

ジャンプ力

柵の上をいとも簡単に歩くネコは、バランス感
覚に優れているだけでなく、高いところに登る
のも得意だ。後ろ足が強靱なため、自分の身
長の6倍の高さまでジャンプできる

高い場所

ネコはよく、止まり木のような高いところに
好んで座る。自分の縄張りがよく見えるので、
獲物を狙って襲えるからだ

平衡感覚

ネコの内耳にある平衡感覚をつかさどる前庭
器官が、方向やスピードを変えるときに平衡を
コントロールする。落下するときも、反射的に
体をひねり、前足で着地する

単独行動を好むとは限らない

ネコどうしの関係
頭をすり寄せて愛情を示すネコのきょうだい。
きょうだいや血縁関係にあるネコどうしによく
見られる行為だが、一緒に暮らしていると他の
ネコとも仲良くなる。体をすり寄せて群れ特有
の匂いをつくり出しているとも言われる

縄張りを主張する
匂いのしるし

匂いづけ

テーブルの脚に頬ずりする白いネコ。こうして頬にある臭腺から発する匂いを残したり、縄張りを示したりする。ネコはリラックスしていると、お互いの頭をすり寄せるが、脅威を感じると、そこら中に尿をかける

落ち着く場所

狭い空間が大好きなネコは、よく紙袋や箱を
隠れ家にする。ネコにとって安心して落ち着け
る場所になると同時に、楽しい遊び道具でも
あるのだ

他の動物との関係

屋外で遊ぶネコとイヌ。生来ネコとイヌは仲が
良いわけではないが、早くから一緒に育てるな
ど、社会性を身につけると、他のペットや動物
とも仲良くなれる

ネコの本能に従った 狩りごっこ

遊び

本来は獲物であるはずのネズミのぬいぐ
るみで遊ぶ愛らしい子ネコ。捕食動物で
あるネコは遊びながら狩猟行動を再現す
る。こうした狩りの練習を通して、獲物に
そっと忍び寄って捕まえたり、仕留めたり
する方法を学ぶ

狩猟本能は子ネコにも備わる

生来の本能

屋外でたんぽぽと戯れる子ネコ。外飼いのネ
コには探検したり、好奇心や狩猟本能を満た
したりする機会が増える

狩猟本能は子ネコにも備わる

生来の本能

屋外でたんぽぽと戯れる子ネコ。外飼いのネ
コには探検したり、好奇心や狩猟本能を満た
したりする機会が増える

交尾

ネコは生後 6 〜 9 カ月頃に性成熟を迎える。メスは匂いや大きな鳴き声を発して、オスにアピールする

首を噛むのは
交尾をしているしるし

交尾

交尾の間、オスネコはメスネコの上に乗って首筋を噛む

プライモーディアルポーチ

喧嘩に発展したとき、「プライモーディアルポーチ」（ルーズスキンとも）と言われるお腹のたるみが素早い動作を可能にするほか、防御機能も果たす

じゃれ合い

ネコはよく、取っ組み合いをしたり、追っかけたり、爪は出さずに前足でパンチしたりする。こうしたじゃれ合いのときには、鳴き声はたてず、交代で攻撃側に回って遊ぶ

恐怖や怒りによって逆立つ毛

喧嘩

ネコは自分の属する社会集団以外のネコ、特にオスに脅威を感じる。喧嘩をするのは大抵、メスと交尾するためや、餌やトイレ、縄張りを守るためだ。喧嘩は普通、あまり長く続かず、引っかいたり、噛みついたりして負けた方が退散する

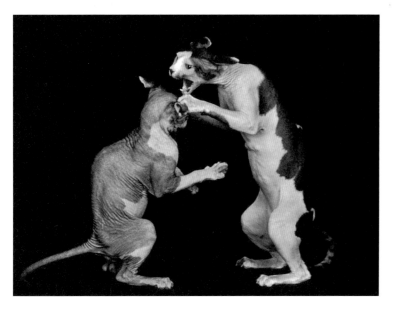

攻撃のしるし

ネコは喧嘩するとき、耳を伏せて内側が傷つけられないように守り、背中や尾の毛を逆立てる。また、大きな鳴き声をあげたり、歯を見せて相手を威嚇したりする。レスリングのような取っ組み合いの喧嘩だが、相手をたたいたり、噛みついたりする場合も多い

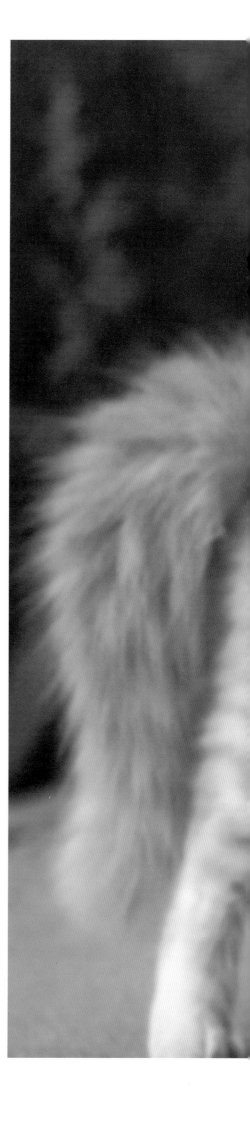

恐怖心
イヌに遭遇し、怯えているこのネコは、背中を
丸め、毛を逆立てている。ネコは恐怖を感じ
ると、耳を横に向けて伏せ、ひげは頬につける。
一方、威嚇されると耳を後ろに反らして伏せ、
ひげは前に向ける

素早く忍び寄り獲物を仕留める

忍び足

野生ネコの狩りは、獲物に音もなく忍び寄り、
追い詰めてから一気に捕まえる。イエネコは息
の根を止める前に、獲物をもてあそぶ姿がよく
見られる

待ち伏せ
ネコは、獲物が至近距離に近づいたときに一気に襲いかかるために、身を潜めてじっと待つ

一気に飛びかかる狩りの達人
メイン・クーンなどのネコは狩りの達人として知られる。瞬時に加速し、一気に飛びかかって獲物を捕まえる

じっと獲物を見つめて時を待つ

生まれながらのハンター

ベンガルヤマネコとイエネコの交配で誕生したベンガル
は、生まれながらのハンターだ。ここでは1匹のベンガ
ルが柵の上で獲物をじっと狙っている。

生まれながらの襲撃者

大きな耳と長い足を持ち、斑点のある若いサバンナ。その容姿と狩りの能力は野生のサーバルから受け継いでいる。祖先と同じように、獲物に一気に襲いかかるのが得意だ

子ネコ

小さくても本能が垣間見えるかわいい捕食者

子ネコの愛らしさはいつでも格別だ。主に春から夏にかけて生まれ、生後間もない子ネコは自分では何もできない。目も耳も閉じたままで、自分で体も温められなければ、餌も食べられない。母ネコに世話をしてもらわなければ、生きられない存在だ。

生後1週間ほど経つと目が開く。瞳は「キトンブルー」と言われる淡いブルーだが、本来の目の色は生後8週を過ぎるまで分からない。生後約2週から7週の子ネコの成長はとても早い。日に日にたくましくなり、体もうまく動かせるようになり、自分や他のネコの毛づくろいもするようになる。さらには、そっと忍び寄る、襲いかかる、跳ぶ、噛みつく、引っかくといった、いずれ狩りに役立つ動きを本能的に再現して遊ぶ。実際、ネコには生来、狩猟行動が備わっていると言われている。生後8週も経つと、子ネコは自分でほぼ何でもできるようになる。しかし、それでも愛らしさに変わりはない。

ネコが一度に生む子ネコの数は平均して3〜5匹だが、なかには10匹も生むネコもいる。2歳になる頃には完全に大人のネコになるが、幼い頃から社会性を身につけていると、品種を問わず、見知らぬ人間や他のペットに対しても友好的で仲良くなれる。

アビシニアン
英名： Abyssinian

頭が良く活発で好奇心旺盛な品種。飼い主と遊ぶのが好きで、大きく活発な動きから「ネコ界のピエロ」と言われることもある

子ネコの頃から
美しく澄んだ
サファイアブルーの目

バーマン
英名：Birman

特徴的なサファイアブルーの目、白い足
先、鼻梁の高いローマンノーズ、絹のよう
な手触りの長い被毛……ポイントカラー
が愛らしいバーマンの子ネコ。バーマンは
1920 年代にフランスで発見されたが、そ
の起源はよく分かっていない。言い伝えに
よれば、古代のミャンマーで僧侶に飼われ
ていたネコだという

特徴的な顔が愛嬌たっぷり

エキゾチック・ショートヘア
英名：Exotic shorthair

温和で愛嬌のあるエキゾチック・ショートヘ
アの子ネコ。丸い頭に平たい顔、ふっくらした
頬や大きくて丸い目がペルシャにそっくりだ。
ただ違うのは被毛が短い点だが、アメリカン・
ショートヘアなどの短毛種とペルシャを交配し
て誕生した品種なので、意外ではない

エキゾチック・ショートヘア
英名：Exotic shorthair

温和で愛嬌のあるエキゾチック・ショートヘ

フォールデックス

英名：Foldex

このタビーの子ネコは耳が少し折れていて、別名「エキゾチック・フォールド」ともいう。カナダでスコティッシュ・フォールドとエキゾチック・ショートヘアを交配させて生み出された。フォールデックスは、飼い主家族や同居するペットとも仲良くできるので、膝の上に乗せてかわいがるには理想的なネコだ

ハイランダー

英名：Highlander

独特のカールした耳と短い尾を持つハイランダーの子ネコ。快活で構ってもらうのが大好きだ。愛情深く元気いっぱいなので、どんな家族とも仲良く暮らせる

ごわごわした
ワイヤーヘアは
子ネコの頃から？

アメリカン・ワイヤーヘア
英名：American wirehair
優しくておとなしく人懐こい性格
のこの子ネコは、ワイヤー（針金）の
ようにごわごわした縮れ毛が特徴
のアメリカン・ワイヤーヘア。屋外
と室内のどちらで遊ぶのも大好き
だが、どちらかといえば室内を好
む。性格は、近縁にあたるアメリカ
ン・ショートヘアとよく似ている

192

アメリカン・ショートヘア

英名: American shorthair

丸顔が愛らしいこの子ネコたちは、子どもやイヌなどのペットに優しい性格で知られるアメリカン・ショートヘア。被毛の色と柄は多種多様で80以上もあると言われる

アメリカン・ボブテイル

英名: American bobtail

短い尾（ボブテイル）を持つ子ネコたち。アメリカ原産のアメリカン・ボブテイルには、短毛と長毛の両方がいる。性格は明るく社交性があり、人間と触れ合うのが大好き

ふわふわの被毛は
「ブリティッシュ・ブルー」と呼ばれる色

ブリティッシュ・ショートヘア
英名： British shorthair

生後 2 〜 3 週間のブリティッシュ・ショートヘアの子ネコ。ブリティッ
シュ・ショートヘアは、おとなしく愛情深い性格だが、あまり構われる
のが得意ではないと言われる。飼い主の膝の上に乗ったり、抱っこさ
れたりするよりも、そっと寄り添っていたいのだ

子ネコの頃からシャープな顔立ち

バーミーズ

英名： Burmese

バーミーズの子ネコは、成長しても活発に
動き回り、明るく愛らしい性格を失わず、
飼い主と一緒にいる時間を楽しむ。見た
目は軽そうだが、実際は筋肉質でがっちり
としている

エジプシャン・マウ

英名：Egyptian mau

斑点のあるこの愛らしい子ネコはエジプ
ト原産のエジプシャン・マウ。快活な性格
で愛情深く飼い主に忠実だが、知らない
人にはあまり懐かない

微笑んだように見える
口元にちなんだ愛称

シャルトリュー
英名：Chartreux

「微笑みの猫」とも言われる朗らかなシャ
ルトリューの子ネコは、立派な大人になる
のに2年ほどかかる。飼い主家族だけで
なく、一緒に暮らす他のペットとも仲良く
なれる人懐こい性格だ

活発で陽気な性格は大人になっても

コーニッシュ・レックス
英名： Cornish rex

陽気で好奇心旺盛、そして活発なコーニッシュ・レックスは、大人になってもその性格は変わらない。人間と遊ぶのが好きで、投げたおもちゃを取りに行く遊びが好きな子もいる。耳が大きいのはシャムの遺伝子を受け継いでいるからだ

大人のコーニッシュ・レックスの特徴は巻き毛や縮れ毛だが、子ネコは一時的に2～3週間、巻き毛でなくなる場合がある。巻き毛は突然変異によるものだが、その原因は英国コーンウォール州の錫鉱山からの放射線と言われている。その毛はとても細く、入念な手入れが必要だ

キプロス島で暮らす土着のネコから生まれた子ネコ。社交的で愛情深い

ドンスコイ

英名：Donskoy

ドンスコイは無毛だが、部分的に産毛や巻き毛が生えている場合もある。実際、冬になるととところどころ、毛が生える子もいる。性格は人懐こく活発で、人間の指示を覚える能力もある

ラグドール

英名：Ragdoll

「イヌのようなネコ」との異名も持つラグドールの子ネコ。おとなしく愛情豊かで行儀よく、飼い主のあとをついて回る。素直な性格で、人の膝の上に乗るのも大好き

ヨーロピアン・ショートヘア

英名　European shorthair

狩りに秀てたヨーロッパのイエネコから作出された、快活で人懐こく賢いヨーロピアン・ショートヘアの子ネコ。家の中と外の両方でネズミを追い払ってくれる

ドラゴンと名付けられた
中国生まれのネコ

ドラゴン・リー
英名：Dragon li

中国生まれでタビーのかわいらしい子ネ
コだが、大きくがっしりした体型に成長す
る。そのため、活発に動き回れるような空
間が必要だ。中国の民話では、ドラゴンは
権力と強さと幸運の象徴とされている

短い巻き毛は子ネコの頃から

デボン・レックス
英名： Devon rex

個性的な容姿でいたずら好きなこの子ネコたちは、短い巻き毛が特徴で「ピクシーキャット（小さな妖精）」の愛称がある。デボン・レックスはとても活発で陽気。頭が良いので芸も覚えられる。高いところに跳び上がって遊ぶのも得意だ。愛情深い性格でもあるので、飼い主の肩や膝の上に乗るのも大好きだ

大きな耳も特徴のデボン・レックスの子
ネコ。ひげがないように見えるのは、短い
上にカールしているから

アメリカン・カール

英名： American curl

このアメリカン・カールの子ネコたちの耳は全員カールしているが、生まれたときは真っすぐだった。生後 2 〜 3 日するとカールが現れ始め、4 カ月ほどで完全にカールする。耳の軟骨は固く、傷つける恐れがあるので、不用意に触ってはいけない

オーストラリアン・ミスト

英名： Australian mist

子ネコらしく元気いっぱいなオーストラリアン・ミスト。愛情深く室内でも十分楽しく暮らすことができる。その名は斑点やマーブル模様にティッキングが入った被毛が霧（ミスト）がかかったように見えることから。1970 年代にオーストラリアで誕生し、今もその地で高い人気を誇る

手足の長い凛とした
佇まいが美しい
アラビアの
砂漠生まれのネコ

アラビアン・マウ
英名： Arabian mau

優雅な佇まいの若いアラビアン・
マウ。耳の先端はとがり、グリーン
の目は楕円形で斜視気味だ。もと
もとは砂漠で暮らしていた。被毛は
ブラウンタビーを含め、色も柄も多
種多様だ

「ロゼット」と呼ばれる
特長的なヒョウ柄

ベンガル
英名：Bengal

わが子を舐めて毛づくろいし、愛情を示す
母ネコ。祖先は野生ネコだが、ベンガルは
飼い主に対しても深い愛情を示す

オリエンタルらしい大きな耳に
緩やかなV字の顔

オリエンタル・バイカラー
英名：Oriental bicolour

アーモンド形の目とこうもりのような耳。
愛らしい子ネコだが個性は強い。活発で
陽気、好奇心旺盛なオリエンタル・バイカ
ラーには短毛と長毛の両方がいる

オホサスレス

英名： Ojos azules

ブルーの目が美しい活発で愛情深く人懐こい子ネコ。品種名も「ブルーの目」を意味するスペイン語にちなんでいる。繁殖があまり行われていないため、その生態についてはよく分かっていない

メコン・ボブテイル

英名： Mekong bobtail

東南アジアに起源を持つ快活で愛情豊かなメコン・ボブテイルの子ネコ。短い尾（ボブテイル）と非常に美しいブルーの目、そしてシャムによく似たカラーポイントの被毛が特徴的

ふわふわの生まれたての子ネコ

ヒマラヤン
英名： Himalayan

生まれたばかりのヒマラヤン。まるでふわふわな毛皮の
ボールのよう。長くて密生した被毛が体全体を覆う。愛情
深く穏やかで手がかからないので、人間が一緒に暮らす相
手として理想的だ

ヒマラヤン
英名： Himalayan

生まれたばかりのヒマラヤン。まるでふわふわな毛皮の
ボールのよう。長くて密生した被毛が体全体を覆う。愛情
深く穏やかで手がかからないので、人間が一緒に暮らす相
手として理想的だ

ラパーマ

英名：LaPerm

長くてカールしたひげが特徴のラパーマ
の子ネコは、まるでパーマをかけたような
毛並みを持つ。その特徴から名をつけら
れたラパーマは、活発で愛情深く、人間と
一緒に過ごす時間を楽しむ

イスラエル生まれ
聖書の「カナン」にちなんだ
名前のネコ

カナーニ

英名：Kanaani

この元気いっぱいのカナーニの子ネコの
特徴は、大きな耳と斑点のある長い胴体。
その見た目も活発さもアフリカ原産の野
生ネコから受け継いだものだ

キトンブルーから
シャム特有のサファイアブルーの瞳へ

シャム（モダンスタイル）
英名：Modern Siamese

逆三角形の顔、大きな耳、アーモンド形のブルーの目
が魅力的なシャムは、ネコ種の中で一番社交的とも
言われる。モダンスタイルのシャムは頭が良く活発で、
構ってもらうのが大好き

トイガー

英名：Toyger

まるで「おもちゃ（トイ）」のトラのように見える元気いっぱいの子ネコ。これこそブリーダーが目指した容姿だ。トイガーは賢く社交的な性格で飼い主と遊ぶのが大好き

スノーシュー

英名：Snowshoe

真っ白な足先が特徴的なこの愛らしい子ネコは、飼い主家族や他のペットのそばにいるのが大好きで、一人にされるのが苦手だ。スノーシューはとても頭がよく、ドアを開けたり、投げたおもちゃを取りに行ったりできる

マンチカン

英名： Munchkin

短足のマンチカンの子ネコは元気いっぱい。意外に足が速く、飼い主家族と遊ぶのも大好きだ。後ろ足の方が若干前足よりも長い場合が多い

ユークレイニアン・レフコイ
英名： Ukrainian levkoy

ウクライナ原産で耳の形状が変わっているこの子ネコは、快活で人懐こく、飼い主家族とも他のペットとも仲良くできる。無毛かそれに近いユークレイニアン・レフコイの肌は敏感なので、冷気や直射日光から保護する必要がある

ネヴァ・マスカレード
英名： Neva masquerade

豊かな被毛を持つ、おとなしくて愛らしい子ネコ。ロシア原産のサイベリアンの一種だが、ポイントカラーがある。飼い主家族と一緒にいるのが好きで、特に小さい子に愛着を持つ性格で知られる

「穏やかな巨人」へとなる
成長過程の真っただ中

メイン・クーン
英名： Maine coon

ふさふさした尾と綿毛のような被毛がチャーミングな子ネコ。「穏やかな巨人」の愛称があるとおり、メインクーンは頭が良く落ち着いている。その大きな体とは裏腹に、いくつになっても子ネコのように無邪気だ

ロシアン・ブルー

英名： Russian blue

賢く人懐こいロシアン・ブルーの子ネコ。活発で好奇心旺盛、じっとしていることがないと言われる。見知らぬ人がそばにいると、とても引っ込み思案な一面も

ウィチエン・マート

英名： Wichien maat

知能が高いと言われるウィチエン・マートは、別名「タイ」や「月のダイヤモンド」とも呼ばれる原種のシャムである。とても活発で社交性があり、おしゃべり好きなウィチエン・マートの子ネコは、飼い主の注目を独り占めしたがるだろう

爪を引っかけて
木登りもお手のもの

ロシアン・ブルーの子ネコ。遊び相手や
おもちゃがないとすぐに退屈してしまい、
いたずらしてしまう。高いところに登るの
が得意で、ジャンプや狩りにも優れている

Index

あ

アジアゴールデンキャット ・・・・・・・・・・23
アビシニアン ・・・・・・・・・・・・・ 42,43,186
アフリカゴールデンキャット ・・・・・・・・ 21
アフロディーテ・ジャイアント
・・・・・・・・・・・ 45,59,116,117,143
アメリカン・カール ・・・・・ 45,104,105,206
アメリカン・ショートヘア ・・・・・・・・44,193
アメリカン・ボブテイル ・・・・・・・・・・・・ 193
アメリカン・ワイヤーヘア ・・・・・・・46,192
アラビアン・マウ ・・・・・・・・・・・47,207
アンデスキャット ・・・・・・・・・・・・・・・・ 12
ウィチエン・マート ・・・・・・・・・・・ 98,220
ウンピョウ ・・・・・・・・・・・・・・・・・・・・・ 35
エイジアン ・・・・・・・・・・・・・・・・・・・・ 47
エキゾチック・ショートヘア ・・・・・・・・ 190
エジプシャン・マウ ・・・・・・・・ 64,65,198
オーストラリアン・ミスト ・・・・・・・・51,206
オシキャット ・・・・・・・・・・・・・・・・・ 75
オホサスレス ・・・・・・・・・・・・・・・70,211
オリエンタル・ショートヘア ・・・・・・・・・ 40
オリエンタル・バイカラー ・・・・・・・76,210
オリエンタル・ロングヘア ・・・・・・・・・・ 106

か

カオ・マニー ・・・・・・・・・・・・・・・・・・68
カナーニ ・・・・・・・・・・・・・・・・・77,215
カナダオオヤマネコ ・・・・・・・・・・・・・ 9
カラーポイント・ブリティッシュ・ショートヘア
・・・・・・・・・・・・・・・・・・・・・・・・・ 59
カラカル ・・・・・・・・・・・・・・・・・・・・・ 20
キムリック・・・・・・・・・・・・・・・・・・・ 110
クリリアン・ボブテイル ・・・・・・・・・69,112
クロアシネコ ・・・・・・・・・・・・・・・・・・ 30
コーニッシュ・レックス ・・・・・・ 60,200,201
コラット・・・・・・・・・・・・・・・・・・・・・・ 68

さ

サーバル ・・・・・・・・・・・・・・・・・・・・ 21
サイベリアン・フォレスト・キャット
・・・・・・・・・・・・・・・・・・・・・ 138,139
雑種 ・・・・・・・・・・・・・・・ 73,142,146
サバンナ ・・・・・・・・・・・・・・・・・77,185
サビイロネコ ・・・・・・・・・・・・・・・・・・ 24
ジャーマン・レックス・・・・・・・・・・・・・・66
ジャガー ・・・・・・・・・・・・・・・・・・・・ 36
ジャガランディ ・・・・・・・・・・・・・・・・・ 16
ジャパニーズ・ボブテイル ・・・・・・・・・ 64
シャム ・・・・・・・・・・・・・・・・・・・86,216

シャルトリュー ・・・・・・・・・・・・・・54,199
ジャングルキャット ・・・・・・・・・・・・・・ 34
シャンティリー・ティファニー ・・・・ 144,145
ジョフロイキャット ・・・・・・・・・・・・・・ 13
シンガプーラ ・・・・・・・・・・・・・・・90,91
スコティッシュ・フォールド ・・ 80,81,129,157
ステップヤマネコ ・・・・・・・・・・28,32,33
スナドリネコ ・・・・・・・・・・・・・・・・・・ 25
スナネコ ・・・・・・・・・・・・・・・・・・・・ 30
スノーシュー ・・・・・・・・・・・・・・・87,217
スパラック ・・・・・・・・・・・・・・・・94,95
スフィンクス ・・・・・・・・・・・・・・・・・・ 92
スペインオオヤマネコ ・・・・・・・・・・・ 11
スンダベンガルヤマネコ ・・・・・・・・・・ 25
セイシェルワ ・・・・・・・・・・・・・・・・・・ 85
セラデ・プチ ・・・・・・・・・・・・・・・・・・ 84
セルカーク・レックス ・・・ 88,89,132,133
セレンゲティ ・・・・・・・・・・・・・・・・・・ 85
ソコケ ・・・・・・・・・・・・・・・・・・・・・ 93
ソマリ ・・・・・・・・・・・・・・・・・・・・ 140

た

ターキッシュ・アンゴラ ・・・・・・・ 142,144
ターキッシュ・バン・・・・・・・・・・・ 136,137
タイ・ブルー・ポイント ・・・・・・・・・・・ 86
タイガーキャット ・・・・・・・・・・・・・・・ 15
チーター ・・・・・・・・・・・・・・・・・17,18
チャウシー ・・・・・・・・・・・・・・・・・・ 58
ティファニー ・・・・・・・・・・・・・・・・ 115
デボン・レックス ・・・・・・・・ 61,204,205
トイガー ・・・・・・・・・・・・・・・・・99,217
トラ ・・・・・・・・・・・・・・・・・・・・・・ 37
ドラゴン・リー ・・・・・・・・・・・・・ 60,203
トンキニーズ ・・・・・・・・・・・・・・・96,97
ドンスコイ ・・・・・・・・・・・・・・ 62,63,201

な

ネヴァ・マスカレード ・・・・・・・ 126,127,219
ネベロング ・・・・・・・・・・・・・・ 122,123
ノルウェージャン・フォレスト・キャット
・・・・・・・・・・・・・・・・・・・・・ 124,125

は

バーマン ・・・・・・・・・・・・・ 107,188,189
バーミーズ・・・・・・・・・・・・・・55,196,197
バーミラ ・・・・・・・・・・・・・・・・・・・・ 50
ハイイロネコ ・・・・・・・・・・・・・・・・・・ 31
ハイランダー ・・・・・・・・・・・・ 67,112,191

バリニーズ・・・・・・・・・・・・・・・・ 108,109
パンパスキャット ・・・・・・・・・・・・・・・ 15
バンビーノ ・・・・・・・・・・・・・・・・・・・ 50
ピーターボールド ・・・・・・・・・・・・・・ 74
ピクシーボブ ・・・・・・・・・・・・・・・・・ 79
ヒマラヤン ・・・・・・・・・・ 113,212,213
ピューマ・・・・・・・・・・・・・・・・・・18,19
フォールデックス ・・・・・・・・・・・・・・ 191
ブラジリアン・ショートヘア ・・・・・・・・・ 55
ブリティッシュ・ショートヘア
・・・・・・・・・・・・・・・ 56,57,194,195
ブリティッシュロングヘア ・・・・・・・・・・ 111
ペルシャ ・・・・・・・・・・・・・・・・ 4,128
ベンガル ・・・・・・・・・52,53,184,208,209
ベンガルヤマネコ ・・・・・・・・・・・・・・ 25
ボブキャット・・・・・・・・・・・・・・・・10,11
ボンベイ ・・・・・・・・・・・・・・・・・・・・ 55

ま

マーゲイ ・・・・・・・・・・・・・・・・・13,14
マーブルキャット ・・・・・・・・・・・・・・・ 22
マヌルネコ ・・・・・・・・・・・・・・・・・・ 26
マレーヤマネコ ・・・・・・・・・・・・・・・ 27
マンクス ・・・・・・・・・・・・・・・・・・・ 71
マンチカン ・・・・・・・・・72,118,119,218
ミヌエット ・・・・・・・・・・・・・・ 120,121
メイン・クーン
・・・・・・ 100,102,103,155,157,218,219
メコン・ボブテイル ・・・・・・・・・・65,211

や

ユークレイニアン・レフコイ ・・・・・・ 98,219
ユーラシアオオヤマネコ ・・・・・・・・ 6,8
ユキヒョウ ・・・・・・・・・・・・・・・・・・ 35
ヨーク・チョコレート ・・・・・・・・・・・・ 141
ヨーロッパヤマネコ ・・・・・・・・・・・・・ 28
ヨーロピアン・ショートヘア ・・・・ 60,202

ら

ライオン ・・・・・・・・・・・・・・・・・38,39
ライコイ ・・・・・・・・・・・・・・・・・・・ 65
ラガマフィン ・・・・・・・・・・・・・・ 130,131
ラグドール ・・・・・・・・・・・ 134,135,202
ラパーマ ・・・・・・・・・・・・・・・・70,214
リビアヤマネコ ・・・・・・・・・・・・・・・ 29
ロシアン・タビー ・・・・・・・・・・・・・・ 78
ロシアン・ブルー ・・・・・ 5,82,83,220,221
ロシアン・ホワイト・・・・・・・・・・・・・・・78

Credits

著者

ジュリアナ・フォトプロス

科学ジャーナリスト・映像作家。『ニュー・サイエンティスト』誌、『BBC フォーカス』誌、『ネイチャー』誌などの紙媒体やウェブ媒体に執筆多数。BBC（英国放送協会）やナショナル　ジオグラフィック（TV）向けに自然史に関する数々のドキュメンタリー番組を制作する。

訳者

沢田陽子

英国の大学院にて応用翻訳学を専攻し、修士号を取得。英系証券会社や米系コンサルティング会社に勤務した後、フリーランスの翻訳者として活動。幅広い分野の翻訳に携わる傍ら、後進の指導にもあたる。

監修者

今泉忠明

哺乳動物学者。「ねこの博物館」館長。東京水産大学（現・東京海洋大学）卒業。国立科学博物館で哺乳類の分類学、生態学を学ぶ。文部省（現・文部科学省）の国際生物学事業計画（IBT）調査、環境庁（現・環境省）のイリオモテヤマネコの生態調査などに参加する。上野動物園の動物解説員を経て、現在は奥多摩や富士山の自然、動物相などを調査している。『ネコの心理』『ネコの本音』（ともにナツメ社）、『ざんねんないきもの事典』（高橋書店）など著書・監修多数。

世界の飼い猫と野生猫

2024 年 2 月 2 日　初版第 1 刷発行

著者　　　ジュリアナ・フォトプロス
訳者　　　沢田陽子
監修者　　今泉忠明
発行者　　三輪浩之
発行所　　株式会社エクスナレッジ
　　　　　〒 106-0032
　　　　　東京都港区六本木 7-2-26
　　　　　https://www.xknowledge.co.jp

お問い合わせ
編集　　　TEL：03-3403-1381
　　　　　FAX：03-3403-1345
　　　　　info@xknowledge.co.jp
販売　　　TEL：03-3403-1321
　　　　　FAX：03-3403-1829